海洋特色教科書系列叢書

海洋資源管理
Marine Resources Management
理論與實務

主編：莊慶達

作者：何宗儒　劉光明　王世斌　邱文彥　方天熹　陳明德

五南圖書出版公司 印行

推薦序

　　近年來，由於人口增加與科技進步，糧食與能源的需求大增，而海洋不僅擁有種類繁多的生物、礦產、物理與化學資源，及再生（動力）能源，目前發現，許多海洋資源的蘊藏量，甚至是陸地資源蘊藏量的好幾倍。莊慶達等教授所組成的優異團隊，在海洋大學教學卓越計畫的理念與目標下，共同執筆完成了《海洋資源管理：理論與實務》一書，為增進相關領域的教師、學生與從業人士的專業知識，所付出的努力與奉獻，令人深感欽佩。

　　事實上，隨著人類文明的進步，海洋的地位日益重要，和人類的關係也愈發密切，而研究海洋相關領域的內容，已成為當前重要的專業課題之一。本書以豐富的內容與流暢的文字，針對海洋生物與非生物資源、人類的開發利用與管理制度的演進與現況、對海洋資源管理的理論與實務，有深入淺出的剖析，彌補目前中文教科書相關內容的空白，對海洋相關系所學子提供一本內容豐富、資料引用新穎的教科書，並可給專業研究及社會人士作為進修參考之用。本書作者群多年來積極投入海洋資源方面之教學與研究工作，以累積的豐富經驗轉化成文字，對於他們費心撰述本教科書之心力與成果，本人表示非常肯定與讚賞，更期望能拋磚引玉，促使未來我國在海洋生物資源、海洋物理資源、海洋化學資源、海洋地質資源等層面有更深入廣泛的探究，同時在海洋資源的利用、海洋環境保護、及管理之方法與規範等培育更多專業人才！

國立台灣海洋大學　校長

推薦序

慶達兄是我大學同學，又要出書了，沒錯，正是他現在研究教學的專業書籍《海洋資源管理：理論與實務》，作為第一個拜讀這本書的同學兼好友，個人深感榮幸。對相關領域的老師、同學而言，相信閱讀本書一定會帶來莫大的益處。

有人說，大學時代的同學，是一輩子的朋友，這句話真是一點沒錯。慶達兄是我大學同學，我們一起在台大洞洞館（農經系館）渡過年少輕狂的歲月，一起上課、打球，無所不談的分享對人生的憧憬。台大對面巷弄中的眾家合菜餐廳，我們是常客，點菜的過程非常簡單，因為每一家都有考古題（吃來吃去，都是那幾道菜）。比飯量，我們同學全都是農委會的好朋友，一碗接一碗，都屬重量級的大食客，經常讓老闆備飯不及。因此，由他出書來談資源管理，也就不會令人感到驚奇了。

畢業後，慶達兄赴美，先到美國內布那斯加州大就讀農業與資源經濟碩士，再到北卡羅萊納州立大學攻讀經濟學博士；慶達兄的教學相當認真，尤其是花很多時間備課，深獲學生的肯定與愛戴，也得過優良教師。在海大的任教，慶達兄以研究生的教學及指導論文為主。我們見面時，經常看他在改學生論文，密密麻麻的修正與眉批，他的學生都因而受益匪淺，並有多人獲得碩士論文獎。後來他開始接觸行政，除了擔任系所主管，也歷練過國際學術交流、創新育成中心主任。每一項職位，都是有口皆碑。前一陣子，並被任命接掌海大的學務長，任內更拿下教育部評鑑的全國績優學務單位獎。

慶達兄也不是只關在校園的象牙塔裡，而是以淑世助人的心情與作為，關懷社會。除了長期擔任政府部門的顧問、諮詢委員外，也創立了台灣漁業經濟發展協會、台灣海洋保育學會，成了台灣現在海洋相關的重要社團法人及智庫。因此，民國九十三年慶達兄榮獲「全國優秀農業人員獎」。最讓我佩服的是，他將所有獎金捐出，成立漁村優秀原住民學生獎學金，讓貧窮的漁村原住

民子弟能夠獲得資助，專心向學。

　　慶達兄就是這樣認真負責又兼具利他個性的好學者，我一直以這位同學為榮。因此，當台灣競爭力論壇成立之時，我們就極力邀請他擔任海洋政策組召集人，並一起召開台灣海洋政策總體檢，為提升台灣的競爭力來努力。海洋是藍色國土，台灣四面環海，海洋是我們的家園、我們的未來，但是國內有關海洋方面的教材卻相對不足。這本書針對海洋生物與非生物資源管理，從理論與實務面作一詳盡的介紹，對於海洋相關領域的教學提供一本相當好的教材。慶達兄長期在海洋與漁業相關領域的深入研究，已獲得各界的肯定，相信這本書在他細心烹調之下，一定是精緻美味的佳肴。就請本行的老師、同學開始盡情的享用吧。

台灣大學經濟學系教授，台灣大學人文社會高等研究院副院長

台灣競爭力論壇學會理事長　林建甫　教授

前言

　　海洋是大地生命的搖籃，人類生命的起源與海洋有著密切而奇妙的關係。在長遠的生物演化史中，魚類從海洋爬上陸地後，其陸地特徵迅速發展，但水生特性依舊沒有消失。當生命演化到出現人類時，儘管經歷了漫長的過程，令人驚奇的是，人類至今仍保留了海洋動物的某些印記，所以說海洋是人類生命的起源，一點也不為過。科學家亦曾預言，21 世紀是海洋的世紀，海洋是人類未來生存和發展的希望。

　　海洋是全球生命支援系統的基本組成單位，總面積達 3.6 億平方公里，其中劃歸沿海國家管轄的海域約 1.1 億平方公里，國際社會共有的公海和國際海底區域約 2.5 億平方公里。海洋擁有種類繁多的生物、礦產、物理與化學資源，及再生（動力）能源，目前發現許多海洋資源的蘊藏量，甚至是陸地資源蘊藏量的好幾倍。隨著人類文明的進步，海洋的地位日益重要，和人類的關係也愈發密切。從葡萄牙、西班牙、荷蘭、法國到英國和美國，這些國家的繁榮與發展，無一不證明了海洋在政治、經濟和社會發展中扮演的關鍵角色。因此，研究海洋相關領域的內容，已成為當前相當重要的專業課題之一。

　　臺灣四面環海，在人口綢密、自然資源缺乏的情形下，無論就食物（生物資源）來源的天然環境條件，或對能源（非生物資源）的需求，海洋資源都是未來開發應用的一項重要產業。本書以海洋生物與非生物資源為經，人類的開發利用與管理制度的演進與現況介紹為緯，對海洋資源管理的理論與實務，有深入淺出的剖析，彌補目前中文教科書相關內容的空白，對海洋相關系所提供一本內容豐富、資料引用新穎的教科書，並可提供給專業研究及社會人士做為進修參考之用。

　　本書能夠順利編寫完成要特別感謝海洋大學卓越教學研究提供經費、所有參與章節編寫的作者群、以及應用地球科學研究所王天楷老師與海洋法律研究所王冠雄老師協助校稿，另外也要感謝本校教學中心王彙喬小姐及我的研究室助理黃鳳珠小姐在文書與行政工作上的協助，本書才得以順利完成。文中若有疏漏之處，尚祈學者先進不吝指正。

本書的規劃及內容

　　本書的編寫專為初學者設計，旨在將海洋資源與管理作一全面性的介紹，廣泛從理論與實務探討海洋資源管理，並分別就海洋生物資源、海洋物理資源、海洋化學資源、海洋地質資源等層面加以探究，同時也包含了海洋資源的特質、海洋環境保護、及管理之法律規範等等予以闡述。

　　本書的編寫為迎合時代潮流的需求，內容共有十一章，本書第一章先以海洋地理與海洋環境的簡介作為開場白，並闡述自然資源與人的互動關係；第二章概述海洋資源的特質，探討海洋開發與環境的關係，並說明有關海洋的管理與劃分；第三章以海洋生物資源的開發與利用切入課題，從初級生產到漁業生產，由能流、食物鏈、食物塔與食物階層的概念，一直到海洋生物資源的價值與利用；第四章探究海洋生物資源的特性與變動機制，包括海洋生物族群的成長與活存、生物量的生產機制、族群動態與加入量變動機制的概念與瞭解、及資源動態與資源管理之思考等內容；第五章論述海洋生物資源評估的理論與應用，分別是資源評估模式及資源評估的實例與應用；第六章探討海洋生物資源管理，透過本章節了解海洋生物資源管理的目標與策略，以及海洋生物資源管理的措施，並透過列舉櫻花蝦、鯨鯊的本土案例來說明；第七章闡述海洋物理資源的種類與特性，海洋物理資源的調查與開發，以及海洋物理資源的利用情形；第八章探討海洋化學資源，包括主要元素、微量元素、以及元素在海洋中的分佈等等；第九章闡述海洋地質資源，涵蓋海岸砂石與砂礦床、海底礦床與錳核、及石油與天然氣等事項；第十章論述海洋資源管理的法律規範，由國際海洋法談起，並說明我國海洋資源管理的相關法律，同時評析國際漁業管理趨勢轉變與我國之因應措施；最後一章由海洋資源環境保護的課題與對策，思索永續漁業、海洋生物多樣性等課題，並就二十一世紀議程相關策略、海岸濕地保育、及山河海一體的保育思維等重要議題加以論述，作為本書的結束。

目錄

表目錄

003

圖目錄

005

第一章　緒論

第一節　海洋地理簡介

　　海洋的形成要追溯到距今約 38 億年前，在地球誕生的初期，由於大規模的隕石撞擊，帶來了水氣，並不斷地將深藏在地球內部的水氣翻攪上來，最後隨著地球表面的逐漸降溫，水蒸氣逐漸冷卻凝結，形成現在地表的海洋。有關地殼變動的學說，主要分成三大類：

1. 大陸漂移學說

　　1912 年由德國氣象學家魏格納（Alfred L. Wegener）首次指出，大約 3 億年前，地球上的陸地是相連在一起的，周圍被海水所包圍。在距今 2 億年左右，大陸開始分裂漂移，形成現在所看到海陸交錯分佈形態。

2. 海底擴張學說

　　20 世紀 60 年代初期由美國學者赫斯（Harry H. Hess）提出，假設海洋地殼本身在運動，由於地球內部蘊藏大量的放射性元素發生衰變，產生了許多熱能。地球內部受熱不平均，靠近地核的溫度高，而靠近地殼的則溫度低，兩者的溫差在地球內部產生了循環對流。這種緩慢而巨大的對流運動，帶動了部分較輕的地殼，並形成了大洋脊。海底擴張就從中央脊開始，逐步向外進行。根據海洋磁力測量，已經證實了海底擴張的理論。

3. 板塊構造學說

　　20 世紀 60 年代由法國地質學家威爾遜（J. T. Wilson）所提出，他認為地球由 6 大板塊構成，當兩個板塊起發生碰撞，就會擠壓成高大的山脈，並將原來分離的板塊連接起來，形成兩板塊的地縫合線。由於現代的板塊構造學說，結合了海底擴張學說，將板塊運動的動力來源歸因於海洋地殼的擴張，進而帶動了大陸地殼的移動，目前已成為地球科學界普遍接受的典範。

　　地球表面積總共有 5 億 994 萬 9 千平方公里，其中陸地占 1 億 4,889 萬平方公里，海洋則占 3 億 6,105 萬 9 千平方公里。所以固態地球表面積有 70.8% 是海洋（圖 1-1）。海洋的體積共有 13.7 億千立方公里，平均深度為 3,795 公尺，最大深度為 11,034 公尺。海洋在地球上的分佈很不均勻，整體來看，大部分的陸地集中在北半球，大部分的海洋則分佈在南半球。雖然南北半球海洋與陸地的分佈不均，但仔細觀察卻會發現許多對稱的現象。例如，與南半球的南極大陸位置相

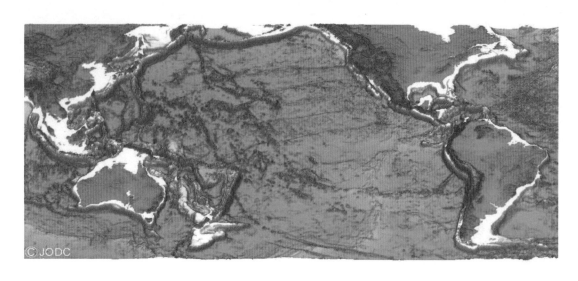

圖 1-1　地球海底地形圖（http://www.jodc.go.jp/）

對的北極區域是海洋；圍繞南極洲的是三大洋（太平洋、大西洋、印度洋），而圍繞北極海的是三大洲（亞洲、美洲、歐洲）。

　　海洋是對地球表面包圍大陸及島嶼的廣大鹹水水域的總稱，按形態與水文的特徵，海洋可以分成洋與海兩部分，洋與海的連接處並無明顯的界限，所以通稱為海洋。但在海洋學的分類上，則將海洋的中心主體稱為「洋」，邊緣附屬與陸地相接的部分稱為「海」。主要的區別指標有下列五種：

1. 面積

　　洋的面積廣闊，遠離大陸，根據海岸線的輪廓等特徵，全世界的大洋可分為太平洋、大西洋、印度洋和南冰洋四個部分，它們大約占據了海洋總面積的88.4%；海則指介於大陸與大洋之間的水域，面積較小，約占海洋總面積的11.6%。

2. 深度

　　大洋的深度有很大的變化，水色深，透明度大，平均深度在 3,000～6,000 公尺之間，最深的地方有 1 萬 1,022 公尺，出現在西太平洋馬里亞那海溝；而海的水色淺，透明度較大洋低，平均深度則在 1,000～2,000 公尺左右。

3. 潮汐與洋流

　　大洋具有其獨立的潮汐系統及強大的洋流系統，且水域較不受大陸的影響，如黑潮、親潮。洋流是讓海洋中的物質及能量，甚至生物體轉移交換的重要因素。海具有各自的海流體系，但海潮沒有獨立的系統，一般是從大洋傳來，起落的潮差比洋大。

4. 物理化學特性

大洋離陸地較遠，物理化學性質受陸地的影響較小。水溫、鹽度、密度等年間變化小，鹽度較高，表面鹽度的平均值約為 35‰；海與陸地相連接，海水溫度受陸地的影響較大，且會隨季節更替而產生顯著的變化，鹽度則易受陸上河流的影響。

5. 沉積物

洋底的沉積物特有的生物源鈣質軟泥、矽質軟泥、紅黏土等；海的沉積物多為陸源的，如陸地河流沖刷下來的泥、沙及生物碎屑。海底與海岸的形態，由於受到侵蝕與堆積的作用，變化較大。

海底的地形也有許多的變化。簡單來說，從海岸線往外延伸，在 200 公尺以內的海域稱為大陸棚，占海洋總面積的 8%；從大陸棚往海中間延伸稱為大陸坡。大陸坡非常陡，可以一直降到 3,000～4,000 公尺。在大陸斜坡的邊緣，還有一些大陸隆起，稱為大陸緣積。再往深處去，就會有一些平原，叫做深海平原。在整個深海平原或海盆上面有中洋脊，是海洋中綿延突起的山脊。深海平原上還有一些深海丘陵；此外，海底還會有隆起，形成海底山與海桌山，有些並突出到海面的山嶺所形成的海島，譬如夏威夷群島。在熱帶海域，還有許多珊瑚礁形成的島嶼或特殊地形，譬如澳洲的大堡礁。

海洋不只是代表一個地區，還代表著一個空間，可以自上而下被畫分成四個部分：表層水、水體、海床和底土，所有區域都是海洋資源的儲存環境。儘管海洋面積占的比例很大，但海水只是地球表面的一層薄膜。海洋的平均深度為 3,795 公尺，僅相當於地球半徑的 1/1,600；而體積則相當於地球總體積的 1/800。若以赤道為標準，把地球分為南北兩個半球，則北半球海洋占 60.7%，南半球海洋則占其表面積的 80.9%。海洋由洋跟海，以及海灣、海峽等幾部分組成，主要部分為洋，其餘的可以視為洋的附屬部分。根據海與洋的連接情況及地理標誌的認識，一般又將深入大陸，或者位於大陸之間，有海峽連接，且毗鄰海區的海域稱為內陸海；並把位於大陸邊緣，一面以大陸為界，另一面以半島、島嶼或群島與大洋分開的海域叫做邊緣海。

海灣和海峽是洋的另一個附屬部分。洋與海的一部分延伸入大陸，且其寬度、深度逐漸減小的水域稱為灣。灣的外部通常以入口處的岬角與岬角之間的連線為界限，海灣中的海水性質，一般與相鄰海洋的海水性質相近。在海灣中常出現最大潮差，例如：中國杭州灣的錢塘潮馳名世界，潮差一般可達 6～8 公尺，最大時可達到 12 公尺。海洋中相鄰寬度較窄的水道稱為海峽，海峽中的海洋特徵主

要是急流，潮流尤其是強勁。海峽中的海流又常常發生上下或左右向的逆反，底質則多為岩石或砂礫。

由於科技的發展，近世紀以來，海底的奧妙逐漸被人們所瞭解，從海岸向大洋方向排列，海底依次可以分成大陸邊緣、深海平原和中洋脊等部分。其中，大陸邊緣是指大陸與海洋連接的邊緣地帶，從坡度和深度上看，大陸邊緣可分為分：大陸棚、大陸斜坡、大陸隆起、海溝和島弧等四大部。定義如下：

大陸棚（Continental Shelf）

從海岸線到水深 200 公尺的區間，平均坡度很小，面積約占海洋總面積的 7.5%。大陸棚寬度因地區而異，在海岸山脈外圍很窄，如南美州太平洋沿岸；在沿海平原外圍卻非常寬闊，如亞洲北冰洋沿岸，寬度可達 1,300 公里。世界各地大陸棚的平均寬度為 75 公里。多數情況下，大陸棚只是海岸平原的陸地部分在水下的延伸。

大陸坡（Continental Slope）

大陸棚往下，坡度陡然增大。這個具有很大坡度的部分稱為大陸坡。水深範圍為 200～2,500 公尺。大陸坡在大洋底周圍呈帶狀環線，寬度從十數公里到數百公里不等。

大陸隆起（Continental Rise）

在大陸坡基部常有大面積的、平坦的、由沉積物質經過濁流和滑塌作用堆積成的沉積群，稱為大陸隆起（又稱大陸緣積），平均深度 3,700 公尺。

海溝和島弧（Trench）

有些地區，陸地下面並不存在大陸隆起，取代它的是海溝或島弧系。海溝是深海海底長而窄的海底陷落帶，由大洋板塊向大陸板塊下方隱沒而形成。全世界約有 20 餘條海溝，多數集中在太平洋。太平洋北部和西部的阿留申群島、日本群島、琉球群島、菲律賓群島等，無論單獨或連起來看都呈弧形，所以稱為「島弧」。有些地區，海溝緊接著大陸坡的底部分佈，更為常見的是海溝沿著大陸坡上的島弧分佈，既有海溝在島弧外側的情況，也存在海溝在島弧內側的情況。

整個大陸邊緣，除大陸隆起外，其基底性質與大陸地殼一樣，下面是較厚的矽鋁層，這與深海平原缺少矽鋁層有明顯的區別，顯示大陸邊緣是屬於大陸的自

然延伸。

深海平原是海洋的主體，位於大陸邊緣和中洋脊之間，坡度平緩，地形平坦廣闊，但也分佈著多樣的海底形態，如海陵、海底山、深海谷、斷裂帶。深海平原平均深度 4,877 公尺，沉積物主要由大洋性軟泥，如矽藻、放射蟲、有孔蟲軟泥等所組成，和大陸棚、大陸坡有顯著的不同。

中洋脊是大洋底的山脈或隆起。與一般的海陵不同的是，中洋脊是海底擴張的中心。中洋脊自北極海蜿蜒至太平洋、印度洋和大西洋的洋底，像一條綿綿不斷的海底山脈，總長 7 萬餘公里，突出海底的高度達 2,000～4,000 公尺，寬度在數千公尺以上，占海洋總面積的 32.7%。

第二節　海洋環境簡介

關於海水的來源，最早提出來的觀點是認為來自地球內部。在遠古時期，海洋中的儲水量約當於現代的 1/10 左右，當時地球上的水，主要以岩石結晶水的形式存在地球內部。在漫長的地球演化過程中，地球內部釋放大量的熱能，而產生了大量的水氣，並透過岩漿活動或火山噴發，釋放到地殼外部。大量的氣態水在大氣層中凝結成雨或雪降落到地表，使海洋中的水量逐漸增加。近幾十年來，少數學者認為：海水並非來自地球內部，而是來自宇宙。美國於 1996 年曾發射一顆名為波拉的衛星，從其所收集的資料證實，宇宙每天都有大量雪球般的小天體隕落到地球上，增加了海水量。再加上地球和太陽之間本來存在一個適當的距離，這距離剛好能使由太陽射到地球的熱能不至於把地表的水分完全蒸發。地球本身的引力，又剛好可以把地表的水吸住不至於散失。地表的水分約有 98% 是海水，海水的鹹味是因為含有大量的溶解鹽類。現在海水的鹽類含量是以 1 公斤的海水含有 35 公克的鹽類為基準（以 35‰ 或 35psu 表示）。至於這些鹽類是如何溶入海水，迄今尚未獲得定論。但科學家認為，原始海洋的鹽類可能較目前少很多，原因是海面上因水分蒸發而形成雲；下雨時，雨水流經陸地，將陸地上的礦物溶出，經河川流向海洋。如此反覆循環，使海水鹽度逐漸變濃，終至形成今日的海洋。

遼闊無際的海洋，是存在著各種自然資源的寶庫。海洋，是風雨的故鄉，是地球天然的「氣候調節機」，可以不斷地吸收太陽輻射的能量。海洋對熱量的儲存能力極大，可以在天熱時吸收過多的熱量，天冷時放出過多的熱量。夏季，海洋將冷風吹向大陸；冬季，海洋將熱風吹上陸地，如此不斷的保持海洋與陸地氣

候條件的平衡。地球上的雨雪，大部分來自海洋。海洋是大氣巨大的「鍋爐」，不斷地給大氣輸送的熱量，形成颱風和颶風，雖然造成各種氣象災害，但也同時為陸地帶來豐沛的降雨，及提高海洋中的營養鹽與生物生產力。從海水表面到海底，甚至海底以下，都蘊藏著極為豐富的寶藏。目前發現，海洋不僅擁有豐富的自然資源，長期以來，許多海洋資源，亦為人類的開發利用貢獻不小。

海洋是糧食供應的基地之一，海洋中的生物資源提供人類大量的食物。舉凡水生物用於人類生活上的事業，即可稱為漁業。人類知識日增，發明種種漁具、漁法、造船法以及漁獲物加工貯藏法。同時因與鄰近區域往來漸頻，需要更大量的漁獲物與他地交易。為了取得獲此大量漁獲物，不得不將沿岸的漁場伸展至近海、遠洋；因此，又需要較大、較堅固的漁船來協助之。又因先進漁具、機具陸續發明，漁獲日益增加，終至使漁撈與製造分業。水產業因社會政治制度的演進，而成為一項正式產業。隨著人口日增，交通工具與交通事業的發達，使貿易日益繁盛，對水產品的需求益增加。為確保水產物的永續生產與利用，今後更須將繁殖與保護水產資源的事業併入漁業之內，以充分發揮水產資源的效用。

海洋是地球能源的重要來源，海底礦產資源更是人類開發建設的材料與日常生活所需能源的重要來源之一。特別是潮汐能、波浪能、溫差能等海洋動力資源，具有儲量大、能量高、污染少和再生能力強等特性，使海洋能源開發逐漸受到人類的重視。近年來，海洋深層水與海底天然氣水合物的開發與利用，將會為人類對利用海洋資源與能源，帶來無窮的希望與遠景。

海洋是交通運輸的要道，是人類運輸的大動脈，也是發展貿易的必經之路。自古以來，海洋運輸一直是沿海國家交通運輸的主要形式。在世界航空運輸出現之前，海運是世界上洲際往來的唯一交通方式。同陸地運輸相比，海洋運輸具有容量大、航線多、成本低等特點和優勢。且海運較不受貨物品種的限制，固體、液體、氣體等貨品均可大批量地運送。

海洋是科學研究的基地，是一個巨大的科學迷宮，更是一個廣闊的「科學技術實驗場」。在認識宇宙和發展自然科學方面，海洋科學具有極為重要的地位和推動科學進步的作用。海洋中有許多充滿奧秘的自然現象和規律，是人類科學技術和發展的主要研究對象。例如，宇宙與生命的起源、地球的構造與海陸的形成，海洋物種的演化、海洋內在的運動與規律、水文潮汐與礦物資源等等，都等待人類不斷的深入研究探索，期盼得到的結果可提供未來改善人類生活的資源與方向。

海洋是國防安全的屏障，具有重要的戰略價值。平時，海洋是維護國家安全

的前沿；戰時，是武裝對抗的主要戰場。海洋安全是國家安全最重要的一環。當今，越來越多的戰爭是從海上開始的。海洋成為備戰和發動攻勢的戰略空間。由於海洋的廣闊性和海面、水下、空中構成的三維空間，因而成為當代軍事技術大展身手和對戰雙方爭奪、防守的行動空間。海上作戰的攻防過程，直接影響整個戰爭的結局和交戰雙方國力的興衰。

海洋，是人類休閒的重要場所，海洋是生命與文化的起源地。海洋不但是提供人類運輸、糧食與生計的重要元素，也提供人們許多觀光休閒的機會。近代，由於科技進步與休閒意識的抬頭，海洋觀光休閒的安全性與可及性不斷提高，參與這類休閒遊憩活動的人數急遽上升，使其成為全球新興的重要觀光休閒活動之一。雖然海洋觀光休閒的發展為人類帶來不少實質的正面意義，然而不當的規劃與不善的管理，亦為海洋環境與資源帶來不小的壓力，值得我們加以重視。

第三節　自然資源與人的互動

自然資源是人類社會賴以生存的物質基礎，人類社會的進步更有賴於對自然的開發，海洋資源自不例外。在討論海洋資源的界定之前，首先需要確定什麼是自然資源。按照聯合國環境規劃署（UNEP）於 1972 年所下的定義，所謂自然資源，是指在一定的時間條件下，能夠產生經濟價值以提高人類當前和未來福祉的環境因素之總稱，這個定義包含了以下的涵義：

1. 本質上指出資源的自然性，即自然資源是在自然環境中產生的，以及自然資源是在不同的時間和空間範圍內，有可能為人類提供福利的物質和能量。
2. 自然資源的概念和範疇會隨著社會和科技的發展，讓人類對它的理解不斷加深，開發和保護的範圍不斷擴大。例如，過去被視為外在環境因素，如空氣、空間和景觀等，現已歸屬於自然資源的範疇。
3. 自然環境和自然資源是不可分割的，因為從具體現象來看，它們往往是同一物質，但又是兩個不同的概念。自然環境是對人類周圍客觀存在的物質而言；而自然資源，則是從人類利用的角度來理解的環境因素和存在的價值。

至於海洋資源與人類的關係，按照物理特徵和人類的利用方式可分為「資源」和「能源」兩類，前者包括食物和物資，後者包括燃料和動力（海洋能、風能、太陽能等）。從使用的觀念可歸納以下兩點：

1. 自然資源與人類社會發展的關係

   前述物質只有在對人類有益，且可控制或利用的時候才可稱之為資源。人與自然環境的系統中，人是主體，環境是客體。人施加作用於環境，使其某些要素（物質和能量）為人類所利用，這些為人所用的環境及其產物都是資源。人類從環境中索取資源，其種類、數量、範圍都取決於人口的數量、人類的技術和生活水準，即整個人類的發展狀況。人類社會向前發展的同時，對自然資源的開發利用之深度、廣度，都在不斷擴大和加深。

2. 自然資源是社會生產勞動的對象

   自然資源轉變成社會財富，所必須經過的媒介是勞動，只有勞動才能把它們從環境中提取出來。這裡所謂的勞動，不僅是指個人的活動，更主要的是只具有特定技術和管理水準的整個社會勞動。

   自然環境中存在的某種物質，如果技術上不能開發和利用它，或無法探勘和發現，即不能稱為資源。假若在技術上能夠發現，也能夠開發和利用，但由於管理不善，資源的浪費大、利用低，經濟利益不高，沒有得到充分利用，其價值就被人為地貶低。總之，自然資源雖然是社會財富的來源，但要使其變成真正的財富，仍必須提高社會生產技術和管理水準，讓自然資源的自然屬性轉變；或者說實現它社會屬性的手段或橋樑是生產技術，所以必須把自然－技術－經濟三者恰當地統合起來，才能使自然資源充分發揮作用。

   事實上，人類應用各種方式利用自然資源以滿足其生存及擴大效用之需求。不可儲存之流量資源其管理策略僅為利用或不利用間的選擇，比較單純，例如：日光或太陽能。可儲存的流量資源則在儲存範圍內，有本期使用對留存之影響，故其管理策略分為儲存與不儲存二者，例如：注入水庫的水量。可再生之存量資源則有維持再生能力的問題，本期過度使用對下期使用機會或數量有極大的影響。故其管理策略有維持使用量不變、逐漸減少或逐漸增加使用量三類，例如：魚類或森林資源。不可再生的存量資源如石油與各種礦藏，由於消耗愈多將導至存量的愈加減少。故本期之使用對下一期使用具有完全負面的影響，所以當前的使用者應對未來的使用者負責，亦即有使用者成本的問題，其管理策略是如何合理限制現階段的消費量，以保留某一水準之資源數量，以供未來之需。自然資源與人類的社會經濟活動有著相當密切的關係，生產者從自然界取得經濟活動所需要的原料，藉由生產將其製成產品，提供消費者之所需。此外，在生產和消費過程中，產生廢棄物質，再回流到自然界中。因此，經濟活動與自然界的依存關係可利用 Tietenberg（1994）所提出的圖 1-2 加以說明。

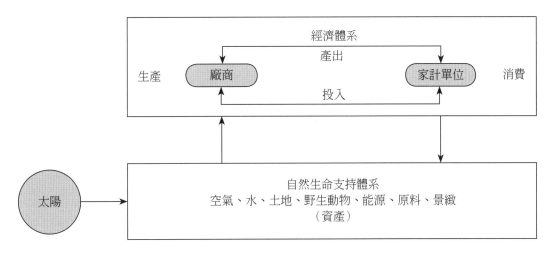

圖 1-2　經濟體系與自然體系間的關係

　　圖 1-2 上方表示經濟體系（economic system），以廠商的生產和家計單位消費活動為主體，內容分別是廠商和家計單位兩者間的投入和產出關係；廠商的產出被用於家計單位的消費，而家計單位則提供廠商基本的勞力投入。圖下方是自然生命支持體系（natural life support system），也就是包括空氣、水、土地、能源、原料、野生動物、景緻等各種自然資源。人類的經濟體系與自然生命支持體系的相互關係，表現在圖中上下兩箭頭所指向的質能流向關係，一是經濟體系從自然環境中取用資源，另一則是經濟體系中之廢棄物回流到自然環境中，如此形成物質平衡（material balance）關係。因此，經濟活動對自然界所產生的衝擊取決於資源開採和棄置的數量、內涵和過程，也就是人類經濟活動中的生產及消費，加上廢棄物的處理以及自然環境的負載力（carrying capacity）。小型局部的環境衝擊屬於自然環境可以回復或淨化的範圍，不足以影響到環境本身。但自工業革命以降，由於技術的進步，人類得以在短時間內取用大量的自然資源供生產與消費，同時也產生大量的廢棄物回流至自然環境中，因而對整體社會與經濟發展造成傷害。誠如羅馬俱樂部於 1972 年所發表的「成長的極限」，人類需擔負起維護自然環境的責任，並應隨時持有保育的概念。

　　海洋資源的分類方法和準則很多，前面所講的類別，是按照資源屬性進行分類的。此外，還可套用自然資源常用的分類準則，按照資源是否可能耗竭的特徵，將海洋資源分成耗竭性與非耗竭性資源兩大類。耗竭性資源按其是否可以更新或再生，又分成再生性和非再生性資源，前者主要指由各種生物及由生物和非生物組成的生態系統。再生性資源在正確的管理和維護下，可以不斷地更新和利用，如果使用或管理不當，則可能衰退、解體，並有耗竭的可能。所以對於再生

性資源必須做到開發利用和保護管理相結合，以保持基本的生態過程、生命維持系統和遺傳的多樣性，並保證物種和生態系統的持續利用。非再生性資源主要是指各種礦物和化石燃料。其中一些非消耗性資源如黃金、鉑等，雖不像太陽能等非消耗性資源可無限期地供應人類，但卻能重複使用。另一些資源如石化燃料（石油、天然氣、煤和泥碳等），當它們作為能源時，其能量的耗散和物質結構的變化是不可逆的。因此，對再生性資源要注意節約使用，並盡量減少在開發利用中對環境造成的不良影響。另外，自然界中還有一些資源，它們在目前的社會生產條件下不會在利用過程中導致明顯的消耗。其中又分為恆定性資源、半恆定性資源和在利用過程中由於誤用而容易導致污染和改變的資源。對於這種非耗竭性資源，既要充分利用，同時也要發展低污染的開發技術。

事實上，人類正面臨人口爆炸、資源短缺、環境污染的三大危機。要走出今天的困境、開拓明天的希望，都寄望海洋這個巨大的天然寶庫。海洋為人類的發展提供了豐富的資源，例如自然界已經發現的 92 種元素，其中有 80 多種存在於海洋中。它所能提供的，除了鹽、碘、鹼、食用魚鮮類、海藻類等，還有石化、鹽化、塑膠工業，甚至日常清潔用品的原料；包括依靠海運流通的「舶來品」，以及用於世界通信的海底電纜等，在在顯示，當今海洋和人類的的衣食住行，甚至娛樂，都已緊密地連結在一起。

根據聯合國於 1987 年的統計，世界人口自 18 世紀的 10 億增為 1920 年代中期的 20 億，共費時 100 多年；自 20 億增加至 1974 年的 40 億，僅費時約 50 年；而至 1987 短短 13 年間，世界人口又增加為 50 億。預測在 2010 年將超過 70 億。如此快速的人口成長率，已使陸地所生產的資源日益短缺。目前全球所生產的食物，已不敷全部人口之需，至本世紀末，人類對金屬的需求量，將超出過去兩千年所需的總和。至於能源的需求，在未來 20 年內預計消耗的，亦將達過去百年來的 3 倍。而海洋所蘊藏的食物、金屬與能源，足可供應上述的各種需求。因此，當此陸地上的資源逐漸枯竭之際，海洋自然成為人類最後的希望。

此外隨著冷戰結束，國際間的海上軍事衝突已不多見，各國逐漸重視海洋資源的開發與管理。1982 年訂定的聯合國海洋法公約（the United Nations Convention on the Law of the Sea of 1982, 1982 UNCLOS）在 1994 年 11 月 16 日正式生效後，即成為規範人類海洋活動的憲法；國際間對於海洋資源的利用和管理，也更為關注。該公約指明：國際海床及其資源為全體人類的共同財產，並由國際海床管理局（The International Sea-Bed Authority）代表全人類，行使對國際海床及其資源勘探和開發的管轄權。公約並呼籲各國，除了享有利用海洋資源

的權益外，對於海洋資源與環境也應負起保護管理的義務。此外，聯合國大會也宣布 1998 年為國際海洋年，試圖藉此喚起世界各國對於瞭解海洋的重要性，並希望各國政府皆能制定相關保護海洋資源的政策，下一章會就此加以闡述。

本章摘要

　　本章簡介有關海洋地理、海洋環境、以及資然資源與人的互動關係。其中關於地殼變動的學說，主要分成大陸漂移學說、海底擴張學說、及板塊構造學說等三大類。而在海洋學的分類上，則將海洋的中心主體稱為「洋」，邊緣附屬與陸地相接的部分稱為海。主要的區別指標有面積、深度、潮汐與洋流、物理化學、及沉積物特性等五種。若從海岸向大洋方向排列，海底依次可以分成大陸邊緣、深海平原和中洋脊等部分。其中，大陸邊緣是指大陸與海洋連接的邊緣地帶，從坡度和深度上看，大陸邊緣可分為：大陸棚、大陸斜坡、大陸隆起、海溝和島弧等四大部分。另外，關於海洋環境，遼闊無際的海洋，是存在著各種自然資源的寶庫。海洋是地球天然的氣候調節機，可以不斷地吸收太陽輻射的能量；海洋是糧食供應的基地之一，海洋中的生物資源提供人類大量的食物；海洋是地球能源的重要來源，海底礦產資源更是人類開發建設的材料與日常生活所需能源的重要來源之一；海洋是交通運輸的要道，也是發展貿易的必經之路；海洋是科學研究的基地，更是一個廣闊的科學技術實驗場；海洋是國防安全的屏障，具有重要的戰略價值；海洋是人類休閒的重要場所，是生命與文化的起源地。至於海洋資源與人類的關係，按照物理特徵和人類的利用方式可分為「資源」和「能源」兩類，即狹義的。前者包括食物和物資，後者包括燃料和動力（海洋能、風能、太陽能等）。人類社會向前發展的同時，對自然資源的開發利用之深度、廣度，都在不斷擴大和加深，因此，當此陸地上的資源逐漸衰竭之際，海洋自然成為人類的重要希望。

問題與討論

1. 試闡述有關地球變動的學說。
2. 何謂海？何謂洋？主要的區別指標為何？

3. 試闡述自然資源的特性及其與人類的依存關係。

4. 海洋環境中存在著各種自然資源，試說明之。

參考文獻

中國海洋事業的發展，1998，中國政府白皮書。

中華人民共和國國務院新聞辦公室，1998，中國海洋事業的發展白皮書。

內政部，2002，海岸法，臺北。

尹章華，1998，《海洋法令彙編》，文笙書局。

尹章華，2003，《國際海洋法》，文笙書局。

行政院研考會，1998，國家海洋政策研討會論文暨研討實錄。

行政院研究發展考核委員會，2000，海洋白皮書，臺北。

行政院研究發展考核委員會，2001，海洋白皮書，臺北。

行政院海洋事務推動委員會，2004，海洋產業組分工計畫。

吳庚，1993，《行政法之理論與實用》，三民書局。

李國添，1996，兩岸漁業資源及作業海域共同利用可行性評估㈠，臺灣省政府農
    林廳漁業局，國立臺灣海洋大學。

邱文彥，2003，《海岸管理：理論與實務》，五南圖書公司。

邱光中，1991，《漁業管理論》，學英文化事業有限公司。

林際國、陳一平，2000，兩岸航政管理體制問題與因應對策之研究，交通部運輸
    研究所。

胡念祖，1995，《海洋政策：理論與實務》，五南圖書公司。

施淑宜，1996，《海國圖索—臺灣，自然地理開發》（1895-1945），立虹書局。

郭博堯，2002，從兩岸合作探油看我國石油產業發展，財團法人國家政策研究基
    金會國策研究報告。

徐匡迪，2002，在 2002 年國際海洋與經濟發展論壇上的講話—發展海洋工程技術
    開發利用海洋資源。

陳荔彤，1997，海洋礦產與國際法，東海大學法學研究第十二期。

葉顯榁、胡念祖，1992，兩岸漁業資源與漁場共同利用之研究，行政院大陸委員
    會。

梁西，1999，《國際法》，武漢大學出版。

崔延紘，2002，《海洋運輸學》（航運業務及港區管理），國立編譯館主編出版。

國家海洋局，1998，中華人民共和國海洋法規選編，北京：海洋出版社。

國立中山大學、高雄市政府研考會、高雄市建設局漁業處、財團法人陳水來基金會，1999，海洋資源開發與保育研討會。

國家海洋局編，2003，中國海洋年鑑 2002。

靳叔彥，1982，海洋礦產資源開發，中國石油股份限公司中國石油協會發行。

監察院，2003，海洋與臺灣相關課題總體檢案。

歐慶賢等，2000，大陸伏季漁制度及其對我國之影響評估研究，行政院農業委員會漁業署。

歐錫棋，1999，兩岸漁業交流問題與長期因應方案之研究，陸委會委託專案研究報告。

鄧學良，2001，行政法摘要。

盧誌銘、黃啟峰，1995，全球永續發展的源起與發展，工業技術研究院能源與資源研究所。

環保署，2003，環境白皮書。

蕭幸國，1980，海域礦產資源的探勘與開採，科學月刊第 125 期。

蕭敏麗，1999，海峽兩岸通航之未來發展，航運季刊，第八卷第三期：1-21。

魏敏、羅祥文，1995，《海洋法》，河北：法律出版社。

魏彰佑，大陸地區海洋開發戰略之研究─兼論臺灣地區應有之對策與興革，國立中山大學。

Brown, E. D., 1994, *The International Law of the Sea: Introductory Manual*, Vol.1 Aldershot, Hants; Brookfield, Vt.: Dartmouth, pp.455-456.

Tieteberg, T. H., 1994, Economics and Environmental Policy, E. Elgar.

013

第二章 海洋資源概論

第一節 海洋資源的特質

人們對海洋的理解，會隨著科技的進步，不斷地修正或擴充。人們在使用海洋資源一詞時，由於場合不同，涵義也不盡相同。在國內外專業文獻中，有狹義和廣義兩種說法。狹義的說法認為海洋資源指的是能在海水中生存的生物、溶解於海水中的物質和淡水、海水中所蘊藏的能量，以及海底的礦產資源，這些都與海水本體有著直接關係的物質和能量。廣義的說法認為，除了上述的能量和物質外，還把港灣、四通八達的航線，加工的水產資源、海洋上空的風，海底地熱，海洋景觀，海洋空間，乃至海洋的納污能力，都視為海洋資源。因此，海洋資源的範圍涵蓋海底礦產資源、海洋航運和港口資源、海洋能量、海水化學資源及海洋生物資源。如果進行概括的表述，指海洋所固有的，或者在海洋內外營力作用下形成，並分佈在海洋地理區域內，供人類開發利用的自然資源，皆可簡稱海洋資源。若將海洋資源與陸地資源相比，其具有的特殊性質大致如下：

1. 海洋資源的公有性

自古以來，海洋通常或屬於國家所有，或屬於各國共有，這與陸地有很大的不同。目前，國家管轄海域內的自然資源通常屬於國家所有，這是公有性的一面。海洋資源公有性的另一面則體現了國際性。國際水域的資源屬於全人類所有，這在國際海洋法中有明文規定。因此，近年來大規模的海洋調查、探勘和開發，經常採取國際合作的模式，直到成立調查各國利益的國際海洋開發組織。另外，在開發活動中，以海洋資源問題為中心的國際爭端則是長年不休。

2. 水介質的流動性和連續性

海水不是靜止不動，而是向水平或垂直方向的運動。溶解於海水的物質隨著海水的流動而位移；污染物也經常隨著海水的流動在大範圍內移動和擴散；部分魚類和其他海洋生物也具有洄游的習性。這些海洋資源的流動，使人們難以對這些資源進行明確而有效的占有和劃分。世界海洋是連成一個整體的，魚類的洄游無視人類的森嚴疆界而四處闖蕩，此種資源的開發，產生了在不同的國家間利益和養護責任的分配問題。污染物的擴散和移動，則可能會對其他地區造成損失，甚至引起國際問題。這些都是開發海洋資源所造成的難題，亟待世界各國合作以謀求解決之道。

3. 水介質的立體性

海水作為一種介質，具有三維的特性。海洋資源的分佈由此也具有三維特性。海洋資源立體分佈於海洋範圍內，與陸地相比，這個特點非常明顯。例如，海水中可以進行光合作用的植物分佈範圍，平均在 100 公尺的深度左右；而陸地森林的平均高度，大約僅有 10 公尺左右；生活在海水中的各種生物和海底礦物以及海濱風光等資源，也呈立體狀分佈於海洋的範圍內，往往可以由不同的部門同時利用；另外，污染物質的擴散，也在某種程度上呈立體狀。海水的立體性，使得人們在建立固定設施時，遭遇到比陸地上更多的困難。

4. 海洋資源賦予環境的複雜性

海洋中諸多自然條件對人類活動影響比陸地要大，各種生產方式在相當大的程度上仍然受到環境因素的制約和支配。例如風浪、鹽份的腐蝕以及海洋自然災害等因素，使得海洋開發不僅艱鉅性大、技術要求高，而且風險也高。現階段人類對許多海洋自然現象的瞭解尚不充分，因而更增加了這種風險。

人類對海洋的利用，按其性質分類，首先是一些以海洋資源為對象而取得某種產品的社會生產部門，如海洋漁業、海鹽業、海洋油氣開採、海水化學工業、海底礦業、海洋能源工業等；其次是一些利用海洋資源，但不以產品形式直接滿足人們需求的生產部門，例如海運業、海港建設、海底儲油罐等；再次，如海上城市，海底公園、海濱浴場、海上俱樂部和濱海旅遊等。所有這些人類利用海洋自然資源和條件，使之有益於社會生產活動的行為，統稱為海洋資源開發。

隨著社會需求和科技的發展，人類與海洋的關係越來越密切，目前人們對海洋資源的開發不斷地延伸和擴展，從傳統海洋開發，如海洋航運、鹽業、海洋捕撈業等，到新興海洋開發，如海洋石油天然氣開採、海底採礦業、海洋養殖、海洋空間利用等。許多新興的海洋開發產業，基本上都是五、六十年代才發展成熟的。這些產業的興起，標誌著人類對海洋資源的開發已較為全面了，就活動範圍言，也逐漸由單項開發發展為立體的綜合開發，產業部門也由原來的二、三個，發展到十餘個。

海洋資源開發不斷有新的發展，就開發領域而言，對海洋的利用擴展到資源、能源、空間三方面。這個期間，海洋資源開發產業的發展具有以下特點：

1. 觀念的轉變

從二次世界大戰以後，興起的海洋熱是以發達國家為先導，越來越多的國家把海洋視為爭取生存的基地，並且把開發海洋做為自己長遠的戰略目標。

2. 國家直接制訂海洋政策

在傳統利用階段，海洋生產規模小，部門之間關係相對簡單，無須國家過多的干預；但在現在全面利用的階段，由於海洋開發具有多元目標，需要由國家進行干預，協調內外關係以維持其經濟利益，尤其在牽涉到國際關係時更是如此。

3. 海洋開發需要科學的管理

在現代的開發過程中，不少國家出現「先破壞、後治理」的現象，其代價十分昂貴。尤其是在海洋石油開採和運輸的過程中，如果管理不當，偶發的事故造成的後果十分嚴重。因此，海洋開發的中心問題，是如何使海洋資源長期而穩定地發揮最大的效益，這就要求對海洋進行科學的管理。

海洋資源的開發和陸地資源的開發相比，有其自身的特點：

1. 海洋開發工業的年輕性

雖然人類有著幾千年的海洋開發史，但許多海洋資源仍然處於沒有充分開發的狀態，人類對海洋資源的開發利用程度，仍然處在發展中的階段。例如，海洋礦產資源，尤其是深海礦產資源基本上仍屬尚未開發。即使是海洋的傳統利用，如世界海洋漁業，20 世紀 50 年代初期的產量為 2 千萬噸，到 20 世紀 70 年代末期，產量已達到 7 千萬噸。這說明了在近三、四十年中，世界海洋漁業才迅速發展。海洋資源的新利用，如海洋能源、海洋空間等，亦僅有二、三十年的歷史。

2. 海洋開發業的多部門與多學科性

儘管海洋開發與陸地比起來，是屬於另外一個空間系統，但它的開發所牽扯到的部門一點也不比陸地上少。從地質、水文到氣象預測，從水產、航運、能源到旅遊，從經濟、政治、法律到軍事，從生產、科研、教育到行政和國防，各種層面無所不包。現代海洋開發是一個複雜的寶塔形結構：首先是基礎科學研究，解決人類對海洋的認識問題；然後是技術成果轉變成經濟政策，由各種產業部門進行開發。這個寶塔的每一層都需要科際合作，單一學科或部門都無法承擔。海洋基礎科學包含七個學科，又彼此互相滲透。只有全部掌握這些學科，才能對海洋有一個全面的認識。海洋開發技術有八個面向，解決這些技術問題，要依靠基礎學科提供的研究成果，要通過各種技術部門的協助，所以既要有縱的合作，又要有橫的連結。海洋資源開發內容則包括六個面向，十七個種類，有十三個產業部門參與。這裡的合作範圍更廣泛了，既有自然科學和社會科學的合作，又有科研部門和產業部門的合作，沒有這種合作關係，無法制

定出適應國民經濟發展需要的海洋開發政策，海洋資源開發也無法取得良好的效果。

3. 海洋開發的國際性

海洋資源的特殊性質，使各國在海洋資源的開發活動中，容易發生一定的利益關係或利益衝突，這就需要尋求一種共同的準則以協調利益、責任、義務的分配和履行。

4. 海洋開發的自然性

海洋資源生產活動和自然再生緊密地交融，漁業即是很好的例子。

海洋資源的利用，從古至今一直都在進行著，例如我們食用的魚、介、貝、食鹽等。談到海洋資源，首先要瞭解「資源」的定義。資源是指人類可利用來從事生活的種種物質。故人類無法利用的，或對人類無用的物質，不能稱為資源。但，無法利用的物質可能是不知如何利用，也可能是存在的量不符合經濟原則而未開發利用。因此，資源的認定，會隨時間空間的不同而有所差異。

海洋資源可分為再生性及非再生性。非再生性資源如海底礦物，包括石油、天然氣等，因存量固定，當人類開始利用，資源就會減少或消失。因此，在利用此類非再生性資源時，應小心不要過度的開發與利用。再生性資源又可分為二大類，第一類例如水、太陽能、波浪等，不管如何利用都不會減少其資源量。第二類例如魚、貝、介等生物，是屬於被利用後會自行補充而恢復其資源量；然而，此類資源如果取用過量，就會破壞再生的能力。自古以來，人類為了增加食物的來源，已經大量利用了海洋的生物資源，進而發展出漁業資源開發應用的知識。

海洋漁業資源的開發，為全球提供了 22% 的動物性蛋白質；而且該資源目前不僅提供作為食用，更可供作醫藥、輕工業、化工業、建築業的原料。自 1970 年代起，各國為了行使主權，紛紛提出 200 浬經濟海域，即視此水域為其領土的一部分，使得海洋開發活動更加熱絡。現今人類自海洋中獲取的食物，每年約 9 千萬噸。若加上新開發的漁場，與充分利用過去被視為不可口的漁獲物，此一數字還可加倍，且不致造成海洋食物的枯竭。但目前若干地區已有過漁現象，何以全球年漁獲量仍處於 9 千萬噸至 1 億噸之間？值得吾人做進一步的探討。

海洋中尚有許多人類不曾食用的魚類，但要說服人類食用這些魚類，卻比教其捕撈更難，或許進一步發展養殖漁業，可使人類較能掌握海洋食物的產量。或者，若能開發海洋浮游生物，人類將有更多機會獲得大量的食物。海洋生命資源的價值並非僅限於提供食物。若干生物分泌的毒素還可做為防治疾病的工具；貝類的介殼也可製成研磨劑或水泥。凡此種種，僅為海洋生命資源所具有潛能的極

小部分，人類目前所瞭解的程度，仍只是在起步的階段。

　　海洋提供了人類生存的基本條件，海洋和大氣之間的熱和水氣的交換，保持了地球適於人類生存的條件。地表上的降水，主要是來自海洋。海洋為人類提供了豐富的資源，以及便利的生產條件。許多世紀以來，海洋是世界各國的交通要道，近年來，海洋上的貨物年運輸量都將近 40 億噸。海洋中蘊藏極其豐富的資源，例如自然界已經發現的 92 種元素，其中有 80 多種存在於海洋中。海洋中的礦產，根據現有的資料，許多專家認為世界洋底蘊藏著大約 1～3 萬億噸錳核資源。據統計，錳核中所含的鈷元素僅在西太平洋火山構造隆起帶的潛在資源量就達 10 億噸以上。海底石油資源的總量將近 1,350 萬億噸，天然氣大約有 140 萬億噸立方公尺，約占世界油氣總資源量的 40%。目前，海上油氣開採總量約占全球油氣開採總量的 30%。海洋中還蘊藏著巨大的能量，如海洋機械能、熱能和鹽度差能等，可供開發利用的總量在 1,500 億千瓦以上，相當於目前世界發電總量的十幾倍。海底火山中亦含有經濟價值極高的礦物資源，因此海底火山的礦物開發前景亦極為樂觀。目前新技術的發展，已出現了可移動的海底礦產資源開採設備，這使得大量開採變為可能。以海底火山中的硫化物礦床中所含的銅為例，以新技術開採的成本幾乎只有在陸地上採礦取銅的一半，未來勢必成為我們重要的金屬礦床之一。

　　海洋中存活著 20 多萬種生物。據推測，海洋初級生產力每年有 6 千億噸，其中可供人類利用的魚蝦、貝類和藻類等，每年有 6 億噸。目前全世界的年捕撈量為 9 千萬～1 億噸左右。儘管海洋有著如此豐富的資源，但由於開發海洋資源具有一定的難度，長期以來並沒有真正引起人們的興趣。進入 20 世紀後，人類對開發自然資源的企圖空前強大。僅從礦產資源來看，據統計，自 70 年代以來，世界金屬的消耗量幾乎超越過去 2,000 年間的總消耗量；近 20 年內對能源的開發利用量是過去 100 年的 3 倍。目前，陸上主要礦產資源的可採年限大約在 30～80 年之內；而剩餘的石油、天然氣和油頁岩的開採年限也只在大約 40～100 年之間；儲量較為豐富的煤礦也僅夠開採 200 多年。自然資源是人類賴以為生存的物質基礎，人類社會生產的一切實物或能量，都是對自然資源進行開發利用的收益。然而，目前自然資源對人類社會長遠發展的支持能力，遭受到嚴重的損害；同時，現代社會還面臨著環境惡化和人口增加過快等問題。基於上述種種情形，人類逐漸認識到海洋和陸地一樣，是社會經濟發展的資源；也是自己的第二生存空間，是人類可持續發展的重要支柱。

　　另一方面，生產力的發展為開發海洋奠定了物質基礎，加上科技的進步以及

對海洋認識的加深，為開發海洋資源提供了條件，使海洋資源的開發進入了一個新領域，開發、利用的深度和廣度都在日漸提升中。伴隨著海洋開發事業的飛躍，世界各國對海洋的爭奪也在日益加劇。從以下的現象可以獲得證明：

1. 海洋圈地運動

   美國早在 1920 年前後發現大陸棚（又稱大陸礁層）可能蘊藏著豐富的石油資源，因此，美國的一些國際法專家曾經建議建立較寬的海洋管轄區，以便於聯邦保護、管理及開發石油資源。但經濟大蕭條和第二次世界大戰耽擱了方案的實施。1945 年 9 月 28 日，第二次世界大戰剛剛結束僅一個月後，美國就以總統公告的形式（第 2667 號總統公告，亦即歷史上著名的「杜魯門公告」）宣告美國對連接其海岸，深度大約 200 公尺以內的海底、海床、底土及其中蘊藏的石油資源，擁有所有權和行使管轄權。這個行為意味著將對大約 72.7 平方英里的海底行使主權。由於大陸棚具有誘人的經濟價值和重要的國防意義，「杜魯門公告」很快地引起一連串的連鎖反應。僅一個月後，墨西哥總統也發表聲明，規定大陸棚以水深 200 公尺為界，聲稱對大陸棚範圍內的一切在現在和將來行使主權。從 1946 年到 1950 年，阿根廷、智利、秘魯和薩爾瓦多也相繼宣布了對 200 浬寬度領海行使主權。許多國家片面宣布對 200 浬海域或大陸棚進行管轄的舉動，被稱之為「海洋圈地運動」。由於「海洋圈地運動」形成了一股席捲全球的浪潮，從 1945 年到 1982 年「聯合國海洋法公約」頒布，此種擴大海洋管轄區域的要求，已經被各種國際法的形式所肯定。這樣，在不到 40 年的時間裡，國家管轄的範圍，從第二次大戰前的 3 浬領海，擴展到 200～350 浬左右。這是一個全球海洋新秩序重新構建的過程。在這個過程中，世界海洋中大約有 1.3 億平方公里的面積成為國家管轄範圍，占整個海洋面積的 1/3 強，海洋中具有重要價值的部分，在海洋世紀到來之前，就被各國先行圈占瓜分了。

2. 海洋成為國家未來發展的重點方向

   美國不僅是「海洋圈地運動」的始作俑者，更是拓展海洋開發領域的積極實踐者。1961 年 3 月，美國總統甘迺迪發表了關於天然資源的「國情咨文」，他在國會中提出：「為了生存」，美國「必須開發海洋」，更聲稱「美國未來的開拓地是海洋」，要「開闢一個支持海洋學的新紀元」，把海洋開發列入了僅次於宇宙開發的國家計畫。到 70 年代，海洋計畫提升為美國最受重視的科技領域。1979 年，美國參眾兩院近 60 名議員聯名要求把 80 年代命名為「海洋資源利用與管理的 10 年」。除了美國，其他開發國家也都致力於發展海洋科

技，努力搶占海洋開發技術的制高點，力圖使自己在未來的海洋開發中處於主動的地位。法國是動作較快的一個：1960 年，法國總統戴高樂在國會闡述了海洋開發的重要性，提出「向海洋進軍」的口號，並在 1967 年成立了「法國國家海洋開發中心」（CNEXO），統籌全國海洋事務。翌年，制定了法國第一個國家級海洋開發的基本規則。大體在同一時期，前蘇聯、英國、日本和前聯邦德國等許多國家政府，也都相繼把開發海洋做為國家的長期戰略目標，並針對全民加強海洋科學知識的普及工作。20 世紀 80 年代，「聯合國海洋法公約」產生以後，各國又紛紛根據新的形勢調整了海洋政策。美國在 1986 年制定的「全球海洋研究規則」中，明確地提出，要加強對海洋的爭奪，以便「在未來海洋開發中爭國威」。英國政府在 1990 年 3 月公布了海洋科學戰略報告，確定了 6 個具體的戰略目標。80 年代中期，日本編寫的「面向 21 世紀海洋開發利用報告」認為：21 世紀是海洋開發利用的新世紀，日本經濟與社會的持續發展，必須進一步強化海洋的開發。事實上，許多人認為，自從「聯合國海洋法公約」產生以後，世界各國對海洋的爭奪反而日趨白熱化，只不過形式和以前有所不同罷了。

3. 海洋產業的持續發展

第二次世界大戰以後，海洋開發部門正在逐漸形成一個比較完整而相對獨立的海洋經濟體系。人類開發利用海洋資源已經形成了各種產業，並且發展迅速。20 世紀 70 年代以來，世界海洋產值每隔 10 年就大約成長一倍：1977 年，世界海洋產值為 1,100 億美元；1980 年為 2,500 億美元；1985 年為 3,500 億美元；1992 年達 6,700 美元，已接近世界經濟總量的 4%。進入 90 年代以後，海洋對世界各國發展所產生的作用更趨加強，無論是開發國家，還是開發中國家，甚至是較為貧窮落後的國家都普遍重視海洋產業，調整了各自的海洋發展戰略，世界海洋經濟增長速度明顯加快。預計到 21 世紀初，世界海洋經濟產值將達 2 萬億美元，有些更樂觀的估計甚至認為將達到 3 萬億到 3.6 萬億美元。

總之，海洋資源是具有極好前景的資源領域，其中的某些種類現已經是人們生產的原料或消費品的來源；有些種類現在已為調查、研究所肯定，將是人類未來發展的接續資源。雖然人類有著幾千年的海洋開發史，但許多海洋資源仍處於沒有充分開發的狀態，而人類對海洋資源的開發利用仍處在起步階段。例如，海洋是人類未來發展的重要基地，問題是如何善用這個基地，在開發的同時做好保護海洋的工作。當前，在海洋資源開發事業飛速發展的壓力下，也同時存在著一

些問題，如全球的海洋生物資源出現不同程度的衰退；海岸侵蝕和沿海低平原逐漸下沉，致使土地資源受到嚴重損害；海洋油氣開發生產過程中的溢油和事故造成的石油污染時有發生；航運造成的污染和陸源污染，也都對海洋環境形成破壞性的因素。有些國家把海洋當做核廢料的掩埋場，對環境危害構成極大的危害。人類在陸地上遇到的問題，也出現了向海洋蔓延的趨勢。凡此種種，極大地影響了海洋資源對人類未來發展的支持力，也引起了人們普遍的關注。對海洋資源的高效益、有秩序地合理開發、減少人為破壞、並維護其對人類的持續支持能力以永續利用，必須通過加強管理，把海洋資源的開發和保護做有效的結合才能實現。因此，如何加深海洋資源的開發，與如何加強對海洋資源的管理，是同等重要的課題。

第二節　海洋開發與環境的關係

自然環境是各種自然要素相互關聯的複雜綜合體，這些要素包括地形、地質、氣候、海洋水、陸地水、土壤、植物等。從生產的角度而言，不同地區的自然環境之間亦存有差異。資源豐富、便於運輸、氣候等自然條件良好，可以稱為所謂有利的環境。處在這種環境中的海洋資源，是人類優先開採的對象；處在不利的環境中的海洋資源，其開發往往需要更高的成本，這些都影響到資源的價值。人類在開發海洋資源的生產活動中，對環境和資源的作用大致表現在開發、利用、改造、破壞和污染等五項。如何防止生產對環境和資源造成的不利影響，是一個非常值得注意的問題。

自工業革命以降，世界人口急劇增加，除著工廠到處林立、機動車輛大增、農地畜牧快速擴張，不但垃圾量爆增、更大量消耗陸地可開發的資源與能源。當人們發現海洋的資源仍十分豐富，而人類社會經濟的發展必須走向新領域、開發新資源時，自然地將更多希望寄予海洋。許多國家逐漸把海洋視為生存基地，甚至把開發海洋定為重要的國家政策之一。

1992 年 6 月「聯合國環境與發展大會」在巴西里約熱內盧召開，會中所通過的「二十一世紀議程」，包含全球性的社會經濟問題、資源的保育與管理、各主要團體的角色、貢獻及實施方案等四大部分，做為人類確實執行永續發展的工作藍圖。其中，特別成立「保護大洋及各種海洋，並保護、合理利用與開發生物資源」專章，內容主要包括保護海洋資源、加強海岸管理、加強執行保護海洋環境

的公約、確立各國專屬經濟海域，以利海洋自然資源的保育與管理；控制各國過漁的情形、生物資源的保護永續利用、以及加強聯合國及國際間保護海洋資源的合作與協調工作。此外，「環境與發展大會」也通過與資源保育、環境保護等相關的重要法律文件，其中包括「聯合國生物多樣性公約」及「聯合國氣候變遷架構公約」。

　　環境保育可以定義為對環境的合理利用，並儘可能維持最高的生物多樣性（biodiversity），確保自然環境得以永續利用。所以環境保育工作是一種對環境最廣泛的關心，將自然環境與資源維持在最佳狀態，以改善人類的生活品質，更可以使人類和各種生物共同幸福地生活在富饒的大地上，促進人類美麗希望與願景的實現。

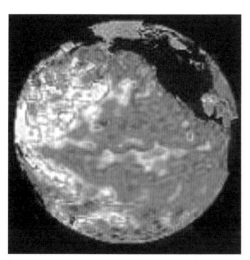

人類活動導致海洋的暖化
資料來源：（CNN news）

正常狀況（1990 年 12 月）

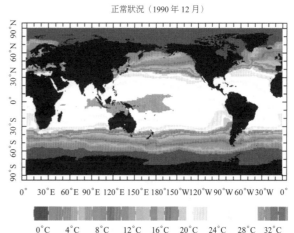

聖嬰（1997 年 12 月）

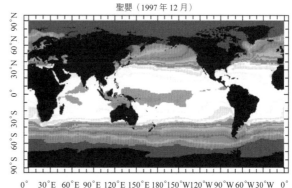

資料來源：行政院環保署，聖嬰與反聖嬰現象宣導手冊

圖 2-1　海洋與氣候之間的關係，以聖嬰現象與海洋暖化為例

　　海水總量約有 13.7 億立方公里，約占地球總水量的 97.2%。由於對藍綠色光具有比較高的穿透率和散射率，所以海洋呈現出蔚藍色。電磁波在海水中傳播時，衰減的速度比在空氣中快；但是海水是聲波的良導體，在海水中傳導的速度大約 1,400～1,580 公尺／秒。海洋生物利用對聲波的感受，可以獲知許多對於生存非常重要的信息。海水略成鹼性，其 pH 值通常在 7.5～8.4 之間。海洋的溫度比陸地上的變化相對較小，通常隨深度的增加而減少。大多數情況下，海水的溫度很少超過 -2℃～30℃ 的範圍。海水中溶存有 80 多種元素，總重量多達 5 億噸，其中鹽含量很高，主要成分是 NaCl，其次是 $MgCl_2$、$MgSO_4$、$CaSO_4$、K_2SO_4 等。大洋水的鹽度一般穩定在 35‰ 左右。海水的含鹽量很高，導電率也相對較高，從而使海上的金屬物電化腐蝕得很快。同時，因海水不斷蒸發，導致海域的大氣特別潮濕，不但容易造成海上金屬物的腐蝕，且影響海上作業人員的身體健康。海水中還溶解有大量氣體，以 O_2、N_2、H_2S、CO_2、H_2 等為多，其來源是大氣。海水垂直運動越激烈，溶解的氣體越多；越靠近海水表面，氣體溶解量也越多。但隨著海水溫度的升高，氣體溶解量也隨之減少。海水中的溶解氣體，對金屬結構物也具有腐蝕作用。海水的密度取決於海水的壓力、溫度和鹽度。隨鹽度與壓力（或水深）的增加、溫度的下降，密度相對增大。因此，密度大的水，溫度總是較冷、水深較深、鹽度也較大。若考慮海水的溫度與鹽度的變化，則所有大洋中的海水密度，都在 1.02～1.03（g/cm^3）之間變化。

　　海水的週期性漲落為潮汐，海水的週期性流動為潮流。潮汐和潮流的強弱，與海域所處的緯度、水深和海底地形等因素有關。潮流的沖刷會造成海洋資源開發的困難。海流是指較大規模的海水，沿水平和垂直方向的非週期性流動。海流按其溫度特性，可分為暖流和寒流。大洋表層的洋流有一個循環路線，在北半球按順時針方向迴轉，在南半球則按反時針方向迴轉。曾經有人觀察到美國加利福尼亞近海的礫石，在一整夜間可隨海流移動數百公尺。海流對海洋工程設施和船舶的運動狀態造成一定的影響，同時也是可供利用的能源。另外，海洋激流是一種流速特別大、持續時間短、空間範圍狹小、具有很大隨機性和突發性的深層海流。目前還難以預測的海洋激流，常常造成水產養殖設施的破壞。有人認為一些潛水人員和潛艇的忽然失蹤，與海洋激流有關。

　　嚴格地來說，海水凍結成的冰，稱為海冰。河流、湖泊水凍結成冰，稱為陸冰。實際上，陸冰流入海洋後，也就稱為海冰了。由於海水含鹽量較高，所以冰點低於淡水。一般含鹽量 35‰ 的海水，在 -1.9℃ 時才開始結冰。緯度 35 度以北的沿海海面，在冬季普遍有不同程度的海水凍結現象。海水的凍結和流冰的移

動，對港灣通航危害極大。海洋工程建築與設施也會因海水凍結時的體積膨脹，而造成位移、舉拔、變形、斷裂，甚至完全毀壞；或因流冰的移動所形成的強大擠壓力、沖擊力和摩擦力而傾覆。另外，由於海洋條件的影響而生成的霧，稱為海霧。海霧的生成、持續和消散，有水文條件，也有氣象條件。對於海上航行、海洋工程與設施和海上作業人員的健康，也有一定程度的影響。

空氣的運動稱為風，風是空氣從高壓區域向低壓區域流動而形成的。風速隨距離海平面的高度不同而有異，越接近海面，風受到的摩擦阻力越大，風速就越小。風對在海上進行各種作業的船舶影響很大，特別是在太平洋和東亞一帶形成的颱風，和在世界其他地區形成的颶風，常伴有巨浪和暴雨，具有很大的摧毀力，尤其是在半封閉的海灣更形成強大的破壞力，歷史上曾多次發生過船舶、海上鑽井裝置遭受颱風或颶風襲擊而覆沒的事件。另外，對一些海上鑽井裝置和海洋工程建築設施來說，需要對海底地盤的承壓力進行調查。調查是在不攪動海底表層沉積物的情況下，在預定地點的 7～10 公尺範圍內，實地取樣測定計算。人類在開發海洋資源時，一定要先對以上因素進行研究和瞭解，才能有效地開發海洋資源，並建立人類應用海洋資源的基礎。

第三節　海洋的管理與劃分

海洋管理的對象包括自然資源系統、海洋自然環境系統、海洋的使用者及其海洋活動。那麼什麼是海洋管理呢？海洋資源管理是國家的基本職能，是政府部門和政府賦予權限的有關機構，對一切從事海洋資源開發利用的事業單位、組織或個人及其開發活動的調控、干預的行政行為，包括政策指導、區分、規劃、所有權行使及開發實施中的監督、協調等活動。

就性質而言，海洋資源管理屬社會上層的領域，它應具備堅固的經濟基礎和推動社會生產力發展的能力。當管理行為發生後，事物總體的運動、發展，指揮和協調的工作，必須根據實際情況的變化而提出各種相應的措施，與能夠促進事物向目標方向進展的各種管理職能，如計畫的調整、新系統的協調、人力、物力的投入與配置等。

「聯合國海洋法公約」（以下簡稱海洋法公約或公約）是 1994 年生效的國際海洋法律規範，有「海洋憲章」之稱，是目前有關海洋事務最全面和權威的國際法，加入公約的國家現已達 100 餘個。依據海洋法公約，海洋被劃分為國家管轄

海域和國際海域兩大部分。國家管轄海域包括內水、領海鄰接區、專屬經濟區、群島水域、大陸礁層等；國際海域則包括公海和國際海底。以下僅就其中和我們關係較為密切的區域做簡要地介紹。

一、國家管轄海域

包括內水（internal water）、領海（territorial sea）和鄰接區（contiguous zone）。其中，內水是指領海基線內側的全部水域，它與國家的陸地領土具有相同的法律地位，國家對其享有完全的排他性主權。領海是沿著國家的海岸和內水，受國家主權支配和管轄下的一定寬度的海域，目前國際上通行的領海寬度是12 浬。鄰接區是指沿海國領海以外，但又毗連其領海的一定寬度的特定海域，沿海國家在此區域對若干事項行使必要的管轄。該區域主要是做為一個緩衝區。依照 1982 年海洋法公約規定，鄰接區的寬度從領海寬度的基線算起不超過 24 浬。沿海國在領海範圍內享有完全管轄和控制的主權，主權行使的範圍其有四項：管轄外國船舶、治安、稅收和海關等行政職能、漁業權利、國防安全。

原則上，內水和領海的區別可從三方面劃分：1.地理概念不同：內水指的是領海基線向陸地一面的海域，而領海則是基線向海一面的一定寬度的海水帶；2.在國際法中的地位不同：領海中，外國商船享有無害通過權；而內水，原則上未經許可，外國船舶不得入內；3.在國內法中地位不同：很多國家都就領海和內水中的管轄權做了區別規定。一般來說，沿岸國對內水中航行的外國船舶行使管轄權，比對領海中航行的外國船舶行使的管轄權要嚴格得多。

專屬經濟區（exclusive economics zone）是領海以外鄰接領海的一個區域，國際海洋法規定其寬度不得超過 200 浬。專屬經濟區既非公海，也非領海，其地位自成一類。沿海國對專屬經濟區的權利是經濟性的，對區內的生物資源和非生物資源享有所有權，有探勘開發、養護和管理的權利；對其他設施、人員和活動也享有一定的管轄權。其他國家在專屬經濟區內享有航行飛越、鋪設海底電纜和管道的自由；內陸國和地理不利國家可根據雙邊或多邊協議開發所謂的剩餘資源。由於專屬經濟區制度的實施，部分沿海國的管轄面積大大地擴張，甚至超過了領土面積的數倍。根據日本海洋產業研究會的統計，世界上實施 200 浬專屬經濟區制度的國家中，海洋面積超過 200 萬平方公里的有 10 個國家。

至於大陸礁層（continental shelf）（又稱大陸架）此一區域，根據海洋法公約的規定：沿海國的大陸礁層包括其領海以外，依其陸地領土的全部自然延伸，擴展到大陸邊緣海底區域的海床和底土，其組成部分包括大陸棚（continental shelf）、大陸斜坡（continental slope）和大陸基（continental rise）。由於不同國家、不同海域的大陸邊緣的寬度差異很大，為了平衡有關國家的利益，海洋法公約對大陸棚的寬度規定了一個範圍：地理上大陸邊緣寬度不足 200 浬的，可以將大陸棚外部界限擴展到 200 浬；地理上大陸邊緣寬度超過 200 浬的地方，則規定其外部界限不得超過 350 浬，或不得超過 2,500 公尺等深線 100 浬。

大陸礁層問題是國際法中的一個重要部分，由於公有土地變成了有關國家可以管轄的部分，這種轉變對於沿海國家的海洋事務產生的影響是巨大的。公約中的「大陸礁層」不再是一個純粹的地理概念。依照美國波士頓伍茲黑爾海洋研究所大衛·羅斯（D.A. Ross）博士在《海洋學導論》中所列舉的數據，世界上 200 浬以內專屬經濟區和其他類別的國家管轄海域區域面積總計大約有 1.3 億平方公里；如果加上超過 200 浬寬的大陸棚區域，總面積接近 1.49 億平方公里。

二、國際海底區域

是指國家管轄範圍以外的海床、洋底及其底土，它是處在沿海國的領海、專屬經濟區和大陸棚範圍之外，水深介於 3,000～3,500 公尺左右的洋底。國際海底及其資源是「人類共同繼承財產」。為維護和開發國際海底應有的權益，開闢新的礦產資源，促進深海採礦高新技術產業的形成和發展，各國應積極參與制定包括國際海底區域制度在內的各項海洋法制度。

公海（High seas）是指不包括在國家的專屬經濟區、領海、內水或群島國的群島水域內的全部海域。公海對一切國家開放，不論其為沿海國或內陸國；任何國家不得將公海的任何部分置於其主權之下。目前國際法肯定了公海的自由原則，即任何行動只要不將公海的一部分據為己有，不妨礙他國行使公海的自由利益，並不違反某些特定的法律規則，就可以在公海上從事各種活動。

通常情況下，在公海上奉行船旗國管轄原則。但在某些情況下可由別國船舶和人員行使管轄權。按照海洋法公約規定，這些情況包括：

1. 海盜行為

   對海盜行為的取締是所有國家擁有的權利。這種權利通常由軍艦、軍用飛機或經政府授權的船舶行使。

2. 未經允許的廣播

   這種廣播也被稱為海盜廣播，通常由軍艦、軍用飛機或經政府授權的船舶對其行使制止的權利。

3. 販賣奴隸與販毒

販賣奴隸屬於違反人權罪行，任何國家得以對其鎮壓；公海上的販毒船舶則應由船旗國要求其他國家合作，以制止此種行為。

4. 國籍不明的船舶

無國籍船舶既無法得到任何國家的保護。一條船懸掛兩國以上國旗，且視方便而換用旗幟，可被當做無國籍船。

5. 重大污染事故

在造成重大污染情況下，沿海國家為保護自身利益，可以對在公海上的船舶使適當的管轄權。

本章摘要

　　本章主要在介紹海洋資源的特質、海洋開發與環境的關係，以及海洋的管理與劃分。海洋資源的範圍涵蓋海底礦產資源、海洋航運和港口資源、海洋能量、海水化學資源及海洋生物資源等。如果將海洋資源與陸地資源相比，其具有的特殊性質大致為：1.海洋資源的公有性、2.水介質的流動性和連續性、3.水介質的立體性、4.海洋資源賦予環境的複雜性。所有人類利用海洋自然資源和條件，使之有益於社會生產活動的行為，統稱為海洋資源開發。隨著社會需求和科技的發展，人類與海洋的關係越來越密切，就目前人們對海洋資源的開發領域而言，對海洋的利用擴展到資源、能源、空間三方面。期間，海洋資源開發產業的發展具有：1.觀念的轉變、2.國家直接制訂海洋政策、3.科學的管理等幾項特點。海洋資源的開發和陸地資源的開發相比具有：1.海洋開發工業的年輕性、2.海洋開發業的多部門與多學科性、3.海洋開發的國際性、4.海洋開發的自然性等特點。伴隨著海洋開發事業的飛躍，世界各國對海洋的爭奪也在日益加劇。人類在開發海洋資源的生產活動中，對環境和資源的作用大致表現在開發、利用、改造、破壞和污染等五項。如何對環境的合理利用，並盡可能維持最高的生物多樣性（biodiversity），確保自然環境得以持續利用，是一個非常值得注意的問題。因此，人類要先對海洋環境加以瞭解，才能有效地開發海洋資源。依據海洋法公約，海洋被劃分為國家管轄海域和國際海域兩大部分，海洋管理的對象包括自然資源系統、海洋自然環境系統、海洋的使用者及其海洋活動。海洋資源管理是國家的基本職能，是政府部門和政府賦予權限的有關機構，對一切從事海洋資源開發利用的事業單位、

組織或個人及其開發活動的調控、干預的行政行為，包括政策指導、區分、規劃、所有權行使及開發實施中的監督、協調等活動。

問題與討論

1. 試闡述海洋資源的特殊性質。
2. 試述各國海洋產業發展的特點，及其與陸地資源開發的差異。
3. 試說明海洋環境對海洋開發的可能影響。
4. 試從國際法的角度說明海洋的劃分，以及國家管轄海域的範圍。
5. 何謂海洋管理？如何強化我國的海洋利用與管理？

參考文獻

中華民國對外漁業合作發展協會，1994-2001，國際漁業相關公約暨外國漁業法規彙編。

中華民國對外漁業合作發展協會，2001，負責任漁業行為規約之技術指導方針，行政院農委會漁業署委託計畫報告。

宋燕輝，1994，國際海洋環境保護對遠洋漁業發展之影響，第一屆漁業政策研討會，1-1-1-26 頁，國立中山大學。

胡念祖，1996，負責任漁業漁業行為規約對我國漁業政策影響之研究，行政院農委會漁業署委託計畫報告。

陳明健，1984，《自然資源與環境經濟學》，巨流圖書公司。

陳清春、莊慶達，2001，《漁業經濟學》，華泰書局。

莊慶達，2001，加拿大、歐盟、紐西蘭的漁業管理經驗與啟示，中國水產，第582 期，16-29 頁。

漁業法規彙編，第一～八輯，行政院農委會漁業署委託計畫報告。

盧誌銘、黃啟峰，1995，全球永續發展的起源與發展，工業技術研究院能源與資源研究所。

Anderson, L. G., 1986, *The economics of fisheries management*, The Johns Hopkins University Press.

Anderson, L. G., 2000, *Selection of a property rights management system*, In Ross Shotton (Ed) Use of Property Rights in Fisheries Management, FAO Fisheries Technical Paper 404/1, FAO Rome. pp. 26-38.

Anderson, L. G., 2001, *Fisheries Economics: A College of Reading*, Volume I and II, Ashgate Publishing Company.

Coase, R. H., 1937, *The nature of the firm*, Ecinomica, V.4, pp. 386-405.

Coase, R. H., 1960, *The problem of social cost*, The Journal of Law and Economics, 3 October, pp. 1-44.

Clark, C. W., 1990, *Mathematical bioeconomics: the optimal management of renewable resources.* Second Edition. John Wiley and Sons, Inc., New York.

Jentoft, S. and B. J. McCay, 1995, *User participation fisheries management: lessons drawn from international experience*, Marine Policy, vol.19 (3): 227-46.

Kaitala, V. and G. R. Munro, 1993, *The management of high seas fisheries*, Marine Resource Economics, Vol. 8. (4): 313-329.

Munro, G. R., 1990, *The optimal management of transboundary fisheries: game theoretic considerations*, Natural Resource Modeling, Vol. 4. (4): 403-425.

Major, P., 1994, *Individual transferable quotas and quota management systems: a perspective from the New Zealand experience*, Limiting Access to Marine Fisheries: Keeping the Focus on Conservation, pp. 98-106.

Martibez, J. A. and J. C. Seijo., 2001, *Economic of risk and uncertainty of alternative water exchange aeration rates in semi-intensive shrimp culture systems*, J. Aquaculture Economics and Management, 5(3/4): 129-146.

Neher, P. A. et al., 1988, *Righted based fishing*, NATO ASI Series, Kluwer Academic Publishers, ISBN 0-7923-0246-X.

OECD, 1997, *Towards sustainable fisheries: economic aspects of the management of living marine resources*, Paris, France.

Pomeroy, R. S., 1998, *Transaction costs and fisheries co-management*, Marine Resource Economics, vol. 13: 103-114.

Rodriguues, A. G., 1990, *Operations research and management in fishing*, NATO ASI Series, ISBN 0-7923-1051-9.

Seijo J. C., O. Defeo and S. Salas, 1998, *Fisheries bioeconomics: theory, modeling and management*, FAO Rome.

Townsend, R. E., 1990, *Entry restrictions in the fishery: a survey of evidence*, Land Economics, Vol. 66 (4): 359-378.

Tietenberg, T. H., 1994, *Economics and environmental policy*, E. Elgar.

Williamson, E. O., 1975, *Market and hierarchies: analysis and antitrust implications*, Free Press, New York, pp. 21.

Williamson, E. O., 1985, *The economic institutions of capitalism,* Free Press, New York, pp. 20-21.

WWF, 1997, *Subsidies and depletion of world fisheries: case studies.*

031

第三章 海洋生物資源的開發與利用

第一節　從初級生產到漁業生產

　　談到海洋生物資源，首先必須知道所有生物生產的來源是什麼？生物資源自然不能無中生有，因此，談到生物資源就必須先說明其來源。

　　初級生產（primary production）是生物利用太陽能將無機物如二氧化碳、水等，合成為有機物質的一種程序，也就是所謂的光合作用。經由光合作用所產生的有機物質量，即為初級生產總量（gross primary production）。

　　初級生產量中有一部分會被用於消耗代謝；因此，只有一部分會經過生物轉化，成為初級生產者（primary producers）的細胞組成或生物體本身，此部分即為其掠食者（上層食物階層）所能利用的生物量，也就是初級生產淨量（net primary production）。而在單位時間、單位面積內，此生物體的淨量累積得愈多，就表示初級生產力（primary productivity）愈高。

　　初級生產者是海洋生態系中，消費者（浮游動物、魚、蝦、貝類等）和分解者（細菌等）所賴以維生的主要能量來源。初級生產者經由光合作用，將光能轉化為有機體；而消費者和分解者則藉著攝食或吸收這些有機物而獲取能量。因此，初級生產者位於食物鏈中的最基層。海洋生產力的高低，一般以初級生產力的大小來決定。而海水中初級生產力的高低，通常代表植物性浮游生物生長速率的快慢。因此，具有旺盛初級生產力的海域，一般也就能提供更多的魚蝦類成長，進而也就會有較為豐富的漁業資源，所以說漁業生產量的高低與初級生產力密不可分。

　　當我們談到海洋生產的高低，或是要瞭解漁業生產的所在與大小時，當然就必須知道海洋中到底有哪些環境能提供較高的初級生產量？根據研究（Houde and Rutherford, 1993; Ryther, 1969）指出，世界上的漁業生產絕大部分來自於沿近海地帶（coastal zone），或者是大洋中某些具有特殊環境的區域，如潮境（fronts），河口區（estuaries）與湧升區（upwelling areas）等。這些區域在海洋總面積中只不過占了極小的一部分，如沿、近海地帶約占 9.9%，湧升區域約占

0.1%，其他則是大洋區域（open ocean），占了約 90%（Houde and Rutherford, 1993; Ryther, 1969）。雖然沿近海地帶與湧升區域所占的比例並不高，但這些海域的漁業生產力卻遠遠高於大洋區域。世界知名的漁場，也大都在沿岸地帶；特別是有大型河川注入的地方，例如有「黃魚故鄉」美譽的閩江口一帶（網站 1）；或者是在湧升區域，如南美洲的秘魯漁場，或日本北海道附近水域（親潮、黑潮會合處）。這是為什麼呢？

因為絕大部分的初級生產來自光合作用，而光合作用需要日光、營養鹽（有如農業生產所施的肥料），所以海洋基礎生產力的高低變化，主要會受到進入海洋中的光線強弱、海水中營養鹽（如氮、磷、矽等元素）的多寡，以及其他如水溫的高低、植物性浮游生物的數量及種類等因素所控制。在不同地理位置的海洋，這些控制因素的重要性也不盡相同；即便在相同的海域，這些控制因素的重要性也可能會有季節性的變化。因此，基礎生產力在全球海洋上的分佈，也就有很複雜的時空變化（龔國慶，2002）。圖 3-1 即為海洋學家利用衛星遙測技術所測到的海水中葉綠素濃度，及所推算出來的全球海洋年平均基礎生產力分佈圖。由這張圖可以明顯看出，在接近陸地邊緣的區域，也就是水深小於 200 公尺的陸棚海域，由於陽光充足，加上來自陸源河川或經由地下水注入的豐富營養鹽，所以會出現較高的基礎生產力；另一方面，由於洋流與地球自轉所造成的影響，一般大陸的西側，或大洋的東邊，會形成湧升現象，因此更提升了沿岸區域的生產力；而在相同的緯度上，有較高營養鹽的海水，也會有相對較高的基礎生產力，這也是為甚麼全球的漁業生產絕大部分都集中在沿岸或陸棚海域的主要原因。

相對地，在遠離陸地的大洋中間，由於深度較深，且無法接收到河川或湧升流所帶來的營養鹽，因此基礎生產力一般偏低，我們常說「絕大部分的海洋都像沙漠般的沒有甚麼生產力」即是這個道理。不過也有些例外，例如在東太平洋赤道附近海域，雖然處在大洋中間，卻仍然有相當高的基礎生產力，這是因為在赤道海域有湧升現象的存在。湧升作用將深層營養鹽含量較高的海水帶到海面有光區所導致的結果。而這些海域也正是許多大洋性洄游魚類，如鰹類、鮪類的良好漁場。如果我們將世界上重要的水棲生態系，包括湖泊、河口、湧升區與大洋區等的初級生產力，與這些水域的漁業生產做一關係圖（圖 3-2）（Nixon, 1988），我們可以清楚地看到：不僅是海洋，其實在任何的水棲生態系（包括淡水湖泊），如果初級生產力越大，則該生態系統所能提供的漁業生產量就越高；而其中河口域與湧升流域更是所有生態系中最富生產力的區域，因此，漁業生產根基於初級生產力，的確不為過。

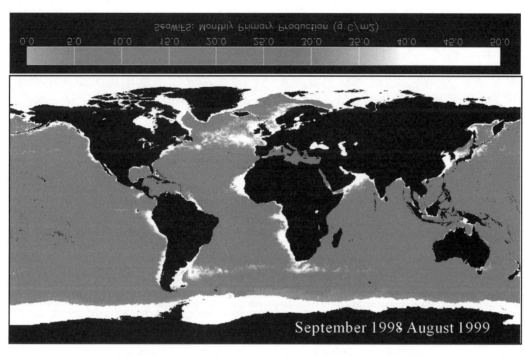

圖 3-1　全球海洋初級生產力分佈圖（網站 1）

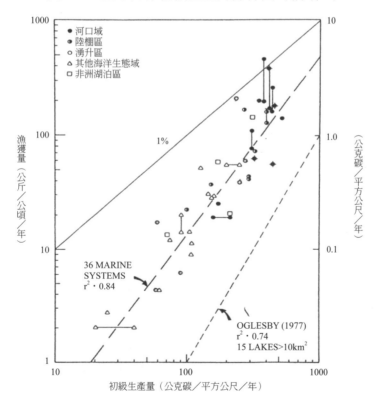

圖 3-2　各種水棲生態系之初級生產力與漁業生產之關係圖

〔譯自 Nixon（1988）獲 American Society of Limnology and Oceanography 許可〕

第二節 能流、食物鏈、食物塔與食物階層的概念

在第一節裡，我們瞭解到初級生產力越大的水域，則該生態系統所能提供的漁業生產量就越高。這是因為初級生產透過了所謂「大魚吃小魚，小魚吃蝦米」的「食物鏈」關係，將初級生產量轉變成漁業生產量。生活在同一環境中的生物，彼此間不是以其他生物為食，便是為其他生物所食。這種藉著食性關係而直接串聯起來的一組生物，就是所謂的食物鏈（food chain）（圖 3-3）。更詳細一點說，地球上的能源直接或間接地由日光供給，而綠色植物則把日光能轉化成化學能。植物再被草食性動物所食，草食性動物再被肉食性動物所食用。這種基於營養上的關係，將環境中的各種生物連繫起來，就成為食物鏈。但被食者與掠食者之間的關係並非如此單純。因為掠食者可能會掠食許多種類或不同食物階層的餌物，形成由多條單純食物鏈結合而成的複雜「食物網」（food web）（圖 3-3）。在某一環境中，如果生物的種類稀少，則相互被食與掠食的關係簡單，所形成的食物網相對單純，例如寒帶地區的食物網。如果環境中的生物種類繁多，則彼此間的食性關係相對較為複雜，就可能形成錯綜複雜的食物網，例如熱帶海域的食物網便是如此。而生物體在食物鏈或某一環節上的位置，我們稱之為「食物位階」（trophic level）；掠食者的食物位階要比被食者（即餌料生物）來得高。因此，越是高等的肉食動物，在生態系中的食物位階就越高。而生物量（biomass）或能量，就是藉著食物鏈、食物網的串聯，而將物質一層、一層地傳遞至食物鏈的最高階層；亦即生態系中，能量藉由食物鏈之「掠食與被食」的關聯來傳遞或流動。如果我們將其化為能量來表示，即為所謂的「能量流」（energy flow）。值得注意的是：能量在每個食物階層間傳遞與轉換時，由於生物體本身的活動、呼吸與代謝，會消耗絕大部分的能量（以熱的型態喪失）於環境之中。根據生態學家的估計，食物階層每經過一階層的轉換，能量約喪失 90% 左右；換句話說，僅約有十分之一的生物量或能量可以轉換成下一個食物階層，而為其掠食者所利用；也就是說 100 單位的初級（植物）生產，大約只有 10 單位左右可以轉換成草食性動物的生物量；而再轉換至下一個食物階層（肉食性動物）時，僅剩下 1 個單位左右而已。因此，在同一生態系中，食物階層越低的物種，一般而言，生物量就越大；而越上層的物種，生物量就越小，如此形成金字塔般的關係，也就是所謂的「食物塔」（trophic pyramid）的概念（圖 3-4）。

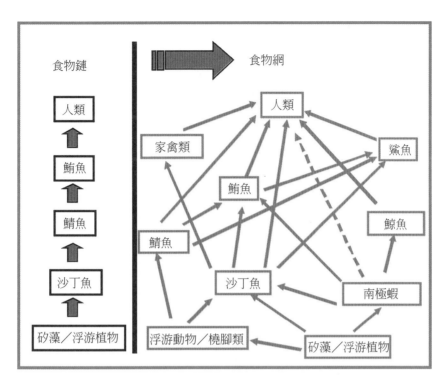

圖 3-3　食物鏈與食物網之關係示意圖

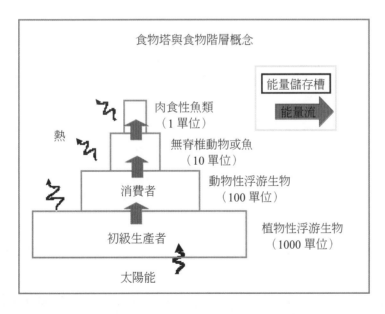

圖 3-4　食物塔與食物階層之示意圖

食物階層間能量或生物量的轉換，可以用下列公式來計算：

$$P_n = P_o \times E^n$$

其中 P_n= 第 n 階食物階層的生產量；P_o= 初級生產量；E =（生態）轉換效率。此轉換效率在各個生態系統均不同，一般介於 2～20% 之間（圖 3-5）。但計算上一般取其平均值 10%（即 0.1）做為標準；而 n = 食物階層。

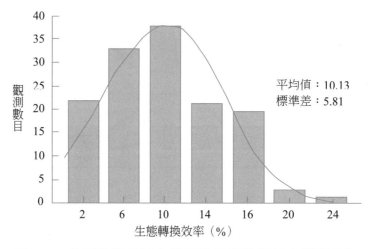

圖 3-5　各種生態系統生態轉換效率估算值之頻度分佈

〔譯自 Pauly（1995）。獲 Nature Publishing Group 許可〕

舉例來說，秘魯沿岸湧升流域的鯷魚（anchovy）產量除聖嬰年（El'Nino）外，幾乎都是名列世界第一。這是因為這個海域是世界知名的湧升流域，初級生產量相當高，而鯷魚又以浮游生物為攝食對象，因此牠們處於食物塔的低層，所以潛在生物量就非常高。但是，如果我們攝食的對象是食物塔上層的魚種，例如鮪魚、旗魚類。在此我們簡單的假設鯷魚是被鯖魚所食，而鯖魚又是鮪魚、旗魚類的食物，因此，透過如此的兩層的食物鏈轉換，其潛在生物量就僅剩十分之一中的十分之一，也就是百分之一的生物量了。所以這些食物鏈上層的魚種，其生物量或所能提供給人類利用的漁獲量，也就遠不如低階魚種的生產量。因此，食物階層的轉換，實際上是一個相當耗費能量的過程！而在任一生態系中，人類所能利用的漁業資源，除了受到該生態系中初級生產量大小的影響外，所開採的對象資源或魚種在此生態系中所處的食物位階，與食物鏈的長短、結構，均有極為密切的關係。食物鏈越長，則層層轉換後的能量耗損就越多，因此，高階魚類的

潛在生產量就越低。Ryther（1969）就曾經比較過不同生態海域魚類生產與食物鏈長短之關聯（表 3-1）；如表所示，沿岸湧升流域初級生產量高，而所生產的主要魚種為鯷魚，牠們直接以植物或動物性浮游生物為主食，因此，從初級生產到魚類生產，食物鏈僅約二層，所以能夠提供非常大的鯷魚生產量。相反的，在大洋區中，初級生產量本來就不高，再加上食物鏈長，一般約需 4 或 5 階層，才能將初級生產轉至食魚性魚種（piscivores），如鮪魚類的生產。因此，分佈於大洋水域中的鮪類，其潛在生產量就相對低得多。而事實上，根據 FAO 的統計資料顯示，2004 年秘魯鯷魚（單一魚種）的生產量約有 1 千萬公噸，而同一洋區的太平洋黑鮪魚產量則只有 1 萬 2 千噸左右，遠不如鯷魚的生產量。

表 3-1　不同生態水域之食物鏈

(A)大洋中央貧營養水域　(B)沿岸水域　(C)沿岸湧升流域

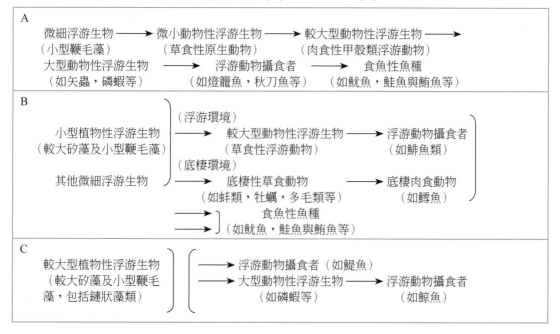

第三節　海洋生物資源的價值與利用

海洋生物資源雖然可以提供各種不同的用途，例如醫藥、工業、飼料、休閒等，但最為普遍的還是做為食物之用（圖 3-6）。根據 FAO 的統計資料顯示，世界上約有 10 億人口仰賴魚類做為他們主要的蛋白質來源；而 20% 的世界人口，其蛋白質來源也至少有 20% 是來自魚類；許多的小島國，其人民的蛋白質來源，更幾

圖 3-6　滿桌豐盛的海鮮

__2006 年 8 月_王世斌攝

乎完全仰賴魚類。從人類對魚產品的消費來看，魚類的消費量自 1961 年起就從 2,760 多萬噸，一直上升到 1997 年的 9,400 多萬噸；每個人每年對於魚產品的消費從 1960 年代初期的 9 公斤，增加到 1997 年的 16 公斤，亦即在近 40 年間增加了約 2 倍；而同期間內，世界人口數也增加約 2 倍。根據 FAO 的統計資料顯示，世界魚類生產自 1961 年約 4 千萬公噸，增加到 1997 年的 12,200 多萬公噸，到 2004 年時更已經高達 15,000 多萬公噸（圖 3-7），產值也高達 1,500 億美金左右，其中捕撈業約 9,500 萬公噸，產值約 850 億美金，養殖業約占 5,900 萬公噸，產值約 630 億美金。而產量中的絕大部分（>70%）都是提供人類做為消費之用，其他則製成魚粉、魚油等，可見人類對於魚類蛋白質的需求，在世界人口持續的增加下也不斷的攀升。值的注意的是，在 1990 年代之後，捕撈漁業的增加幅度實際上已經相當有限，世界魚產量的增加，主要是來自於養殖（內陸及海水養殖）業，其中又以中國大陸魚產量的增加最為耀眼。中國大陸 2004 年的漁業總生產量高達 4,700 萬噸左右，比第二名的秘魯（960 多萬噸）高約 5 倍。而臺灣的漁業生產量在 2004 年僅達 120 萬公噸左右，產值約 990 億新臺幣。

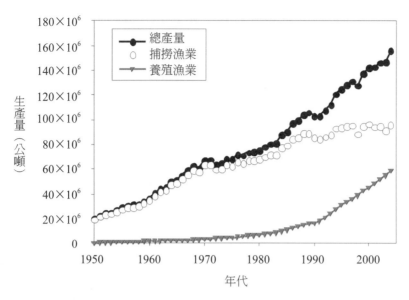

圖 3-7　1950-2004 年世界魚類生產量圖

　　如果我們進一步分析捕撈與養殖漁業的主要來源，我們可以發現：絕大部分的捕撈漁業生產來自於海水魚類（73%），其次是淡水魚類、軟體動物（如貝類等）、甲殼類（如蝦蟹類）（約 6～8%）；而其他如溯河性魚類、水棲哺乳類、水棲植物等，僅占極少（<2%）的部分（圖 3-8a）。顯見海洋還是我們捕撈性魚類蛋白質的主要來源。而養殖漁業中，主要來源為：淡水魚類（約 40%）、軟體動物及水棲植物（各種海菜藻類等）（各約 22%）；其次才是甲殼類（6%）、溯河性魚類與海洋魚類（2～4%），而其他水棲動物則微不足道（圖 3-8b）。因此，淡水環境仍是提供我們養殖資源的主要處所。值得注意的是，軟體動物及各種水棲植物的養殖（共約 45% 左右，總產值也高達約 200 億美金），占了相當高的比例，其中有許多來自於鹹水或半鹹水的養殖。顯然各種貝類、海菜或藻類的養殖，也在人類海洋資源的利用中，占有舉足輕重的地位。這些養殖的水棲植物，據 FAO 統計，主要為褐藻（brown seaweeds）、綠藻（green seaweeds）、紅藻（red seaweeds）及其他藻類等。而臺灣 2004 年漁業統計年報顯示，主要的水棲植物生產包括有龍鬚菜屬（Gracilaria）、青海菜（Monostrorna）、石花菜（Gelidiaceae）、紫菜（Porphyra）及其他藻類等，一般做為食用或飼料之用，產值約新臺幣 7,900 萬元。

042

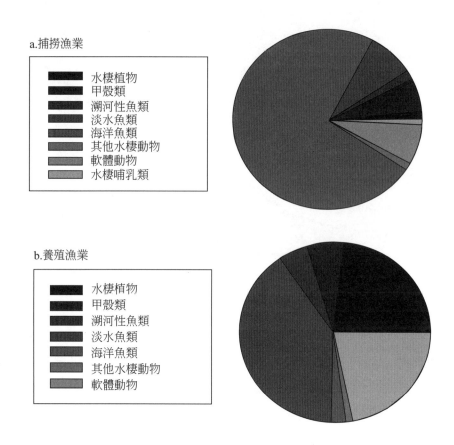

a.捕撈漁業

■	水棲植物
■	甲殼類
■	溯河性魚類
■	淡水魚類
■	海洋魚類
■	其他水棲動物
■	軟體動物
■	水棲哺乳類

b.養殖漁業

■	水棲植物
■	甲殼類
■	溯河性魚類
■	淡水魚類
■	海洋魚類
■	其他水棲動物
■	軟體動物

圖 3-8　2004 年全球主要之 a.捕撈及 b.養殖漁業類別

　　除了食物利用之外，海洋生物資源也有一部分提供各種養殖（豬、雞、鴨、水產等）的飼料或肥料所需。如前所述，秘魯是世界漁業生產大國，漁獲物主要種類為秘魯鯷魚。該國利用鯷魚所製造的魚粉（fish meal）一直都是世界各地養殖飼料添加劑或肥料的重要來源之一；而南極蝦資源（糠蝦屬Euphausia）也被認為是人類潛在的食物與養殖飼料來源，在扣除鯨類攝食所需之後，據估尚有數億公噸的生物量可以為人類所利用（譚與廖，1979）。此外，人類捕撈漁業中，也有一部分或因個體太小，或價格過低，不具市場價值，而被當成所謂的下雜漁獲，並在絞碎或處理之後做為養殖飼料之用（Akyol, 2003; Anonymous, 2005; Wang et al., 2007）。另外，海藻也是極佳的家畜飼料添加物，不但能促進食慾，而且有增強抗病力的功能，因此也是水產養殖的重要飼料之一，如龍鬚菜即是臺灣九孔養殖的重要餌料。而由海藻做成的堆肥，除可避免雜草及蟲害的發生，其所含有的大量有機質，更可提高土壤的保水力及改善土壤結構；部分含有石灰質的海藻（如石枝藻），更可用來製造泥灰土或改變土壤的酸鹼值（網站 3）。

　　除了食用價值之外，海洋生物資源另有兩種非常重要的用途，那就是藥用及

工業價值。海洋生物的種類十分豐富，可做為藥用的也很多，開發潛力非常大。中國人利用海洋生物治療各種疾病已具有相當悠久的歷史，歷代醫藥典籍，如明朝李時珍所作的《本草綱目》中就已記載了上百種的海洋藥物及其功用（網站 4）。而中國大陸的調查也顯示其海洋藥用資源將近有 700 種之多，其中海藻類有 100 種左右，動物類有 580 多種。舉例來說，珊瑚蟲、鯊魚、海藻、海蛤、海參和海綿體內可以提取抗癌活性物質；而海藻、海狗等可應用於防治心血管疾病；根據研究發現海狗油中所富含的 Omega-3 不飽和脂肪酸，無須經過濃縮就高達了 25%～30%，對清理血管、降低血脂，及抗血管硬化具有相當的功效（網站 5）；鮑魚、珍珠粉等可用於抗菌、抗病毒；而富含碘、鉀的海帶，也被證實與甲狀腺疾病的治療及預防高血壓有相當的成效；民間常用的兒童蛔蟲驅除藥「鷓鴣菜」，也是由紅藻類的海人草（Digenia）所提煉製造而得。

此外，海藻還有退燒、消炎、抗菌、抗癌、催生、防止血栓、利尿等特殊的生理活性，從中所提煉出來的藻膠，也常被用來外敷或內服，如抗潰瘍、促進結合組織形成、止血、降低膽固醇及降血壓等醫療之用。最近中山大學教授群也發現：海洋生物資源中有近百種具抗腫瘤潛能的天然化合物，而軟珊瑚中就發現有二十多種。學者們認為從臺灣海域軟珊瑚中發現的抗癌物質，具有特殊的化學結構及藥理作用，一般合成藥物無法比擬。在全世界抗癌物質尋找不易的時候，這項發現將對直腸癌、鼻咽癌、肺癌、血癌等癌症日後的臨床治療，產生一定程度的影響（網站 6）。除此之外，海藻提煉的各種藻膠，如洋菜、褐藻酸、角叉藻聚醣等，其特殊的凝膠性、粘稠性及乳化性，也被廣泛地應用於食品加工、造紙、紡織、釀酒、化妝品、油漆、齒模、印刷、照相底片、污水淨化、基礎研究用之培養基等（網站 3）。上述的說明僅是提供讀者們一些較為常見的例子；不可否認的，海洋生物資源中仍有許多尚待我們去開發與瞭解。可以預見的是隨著海洋生物科技與醫藥技術的發展，未來無論是在醫藥或工業領域中的應用，海洋物種將更加占有其一席之地。

談完了海洋生物的食用、藥用與工業價值之後，我們還必須考慮到另一種較常被人們所忽略的價值，那就是觀賞和休閒價值。有些海洋生物的存在，或許不能提供我們直接食用的價值，但牠們的存在，卻具有教育文化、觀賞休閒與心靈層次上的價值。有些時候，這些價值甚至超越了直接捕食的價值。國外有一些很好的例子如：澳洲政府成立了「大堡礁海岸公園」，開始保護該片廣大而又極具價值的珊瑚礁水域。此舉不僅達到保育的目的，也使澳洲大堡礁成為世界馳名的旅遊勝地，並為當地帶來上億澳幣的商機與經濟效益（Hundloe et al., 1987）。

又如美國夏威夷（Cesar et al., 2002）與佛羅里達（Leeworthy ,1991）的珊瑚礁水域，也提供了類似的經濟效益。而在臺灣，最為國人所熟悉的，以資源為基礎的觀賞性海洋休閒產業就是賞鯨豚活動。這種被視為對於生態無害，且極具發展潛力的新興產業，近幾年來受到國人相當程度的熱愛。「國際動物福利基金會」（International Fund for Animal Welfare, IFAW）指出，截至 2000 年為止，全世界至少有 87 國家及地區從事商業性賞鯨活動，吸引了近 8 百萬人次的遊客參與，平均年成長率超過 10%，也帶來近 10 億美元的觀光收益，並成為全球重要的觀光產業之一。而國內第一艘娛樂漁業賞鯨船於 1997 年 7 月正式在花蓮石梯漁港開航後，至 2001 年已增至 33 艘；而參與賞鯨的人數也由 1997 年的 1 萬人次增長至 2002年的 22 萬 5 千人次。6 年累積的總人數超過了 73 萬人次，為漁民帶來相當可觀的經濟收入，也成為國內最受歡迎的海上休閒活動之一（圖 3-9）。其他諸如分佈於臺灣各海岸地帶的休閒海釣或潛水業，甚或屏東恆春的「落山風飛魚情」海洋嘉年華等觀賞性漁業活動，也都是建立在以休閒或觀賞為主要目的的一種海洋資源性產業，不但為當地帶來可觀的經濟收益，同時促進了地方的繁榮與發展，其附加價值，又豈是資源本身的食用價值所能比擬？

圖 3-9　龜山島賞鯨豚之旅

（2004 年 11 月_王世斌攝）

最後，我們必須要認清一個事實：資源性產業的存在與發展，其最基本、也是最為必要的條件就是要有「豐富的資源」，沒有了資源，則上述的產業就不可能存在，當然也就沒有價值可言了。我想任誰都不願意花個數百元出海，但卻看不到甚麼鯨豚吧！我們可以預見的是，由於近年來國民生活水準明顯提升，加上週休二日制的實施，國人對休閒娛樂的需求必然日益增加。因此，海洋生物資源的利用與保育觀念也必須適時加以調整；而未來以海洋生物資源為基礎的休閒遊憩活動或產業的相關價值，也必將更為提升與受到重視。

本章摘要

　　初級生產是海洋生物生產的來源，絕大部分的初級生產是藉由光合作用而來，因此需要日光和營養鹽。海洋基礎生產力的高低變化，會受到進入海洋中的光線強弱、海水中營養鹽的多寡，以及其他因子所控制。海洋中初級生產力較高的海域，所能提供的漁業生產就越高。這是因為初級生產透過「食物鏈」的關係，將初級生產量轉變成漁業生產量。但食物階層的轉換相當耗費能量；食物階層每經過一階轉換，能量約喪失 90% 左右；換句話說，僅約有十分之一的生物量或能量可以轉換成下一個食物階層，而為其掠食者所利用；就人類對生態系的利用而言，食物鏈的長短，以及我們利用（捕撈）哪個食物階層，或是捕食哪一種生物，都是非常重要的關鍵。此外，海洋生物資源可以提供各種不同的用途，例如食物、醫藥、工業、飼料與休閒等；而觀賞或休閒價值，有時甚至可能超越捕撈食用的價值，但前提是必須要有「豐富的資源」；否則這些產業就不可能存在，當然更談不上甚麼利用價值了。

問題與討論

1. 何謂初級生產力？請簡單說明初級生產的機制及其簡單之代表式。
2. 請說明食物鏈、食物網、食物階層與食物塔的概念。
3. 何謂生態轉換效率？請簡要說明其數式及含意。
4. 影響海洋初級生產的要素有哪些？大洋中央（central oceanic area）、沿岸區（coastal area）及沿岸湧升區（coastal upwelling），其漁業生產有相當大的不

同。試以其生產機制的差異及食物鏈的觀點來說明為什麼會有如此大的差距。

5. 請簡要說明海洋生物資源的可能用途與發展。

參考文獻

譚天錫與廖順澤，1979，世界上最豐盛的海產資源－南極蝦，科學月刊第 115 期，1-15 頁。

龔國慶，2002，海洋基礎生產力的重要性，科學月刊第 33 期，137-142 頁。

Akyol, O., 2003, *Retained and trash fish catches of beach-seining in the Aegean coast of Turkey*, Turkish Journal of Veterinary and Animal Sciences 27: 1111-1117.

Anonymous, 2005, *Regional workshop on low value and "trash fish" in the Asia-Pacific Region*, Hanoi, Viet Nam, 7-9 June 2005, Asia-Pacific Fishery Commission, FAO.

Cesar, H., van Beukering, P., Pintz, S. and Dierking, J., 2002, *Economic Valuation of Hawaii's Coral Reefs*, NOAA Final Report (FY2001-2002).

Houde, E. D., Rutherford, E. S., 1993, *Recent trends in estuarine fisheries: predictions of fish production and yield*, Estuaries 16: 161-176.

Hundloe, T., Vancly, F. and Carter, M., 1987, *Economic and socioeconomic impacts of the crown of thorns starfish on the Great Barrier Reef.* Report to the Great Barrier Reef Marine Park Authority, Townsville, Australia.

Leeworthy, V. R., 1991, *Recreational use value for John Pennekamp Coral Reef State Park and Key Largo National Marine Sanctuary*, Strategic Assessment Branch, Ocean Assessments Division, National Oceanic and Atmospheric Administration (NOAA), Rockville, Maryland, USA.

Levinton, J. S., 1982, *Marine ecology*, Prentice-Hall, INC., pp. 526

Nixon, S. W., 1988, *Physical energy inputs and the comparative ecology of lake and marine ecosystems*, Limnology and Oceanography 33: 1005-1025.

Pauly, D., Christensen, V., 1995, *Primary production required to sustain global fisheries*, Nature 374: 255-257.

Ryther, J. H., 1969, *Photosynthesis and fish production in the Sea*, Science 166:

72-76.

Wang, S. B., Ou, J. C., Chang, J. J., and Liu, K. M., 2007, *Characteristics of the trash fish generated by bottom trawling in surrounding waters of Guei-Shan Island*, Northeastern Taiwan. Journal of the Fisheries Society of Taiwan 34(4):379-395.

網站 1：http://210.241.9.8/do/www/ programs3

網站 2：http://marine.rutgers.edu./opp/swf/Production/gif_files/PP_9809_9908B.gif

網站 3：http://www.ntm.gov.tw/seaweeds/home.asp

網站 4：http://www.cintcm.com/lanmu /zhongyao/zhongyiao_gaishu/gaishu_ziyuan/ziyuan_baohuhyq.htm

網站 5：http://home.kimo.com.tw/gzb0029/

網站 6：http://www. ocean.org.tw/mag/ 008/008006.htm

第四章 海洋生物資源的特性與變動機制

第一節　海洋生物族群的成長與活存

　　海洋生物資源泛指魚、蝦、貝類及藻類等海洋動植物。但人類利用的部分主要還是在魚類資源，因此，以下的論述也將儘量以漁業資源來做說明。海洋生物資源具有生長、繁衍的可再生（renewable）特性，不像非生物資源一般，開採了之後只會不斷的耗損，直到用完為止。因此，生物資源只要能合理的開發利用並給予適當的保育，則資源便得以永續。換句話說生物資源可以藉由「成長」與「生殖」來補充因為「死亡」或「被捕捉」所失去的生物量。例如漁業資源，只要我們所捕撈的量加上魚類資源自然死亡的量沒有超越資源本身藉由成長及生殖所能補充的量，則理論上該漁業資源就可以一直持續永存下去。這樣的概念與理論早在西元 1900 年初，即由多位的漁業生物學家如 Baranov（1918），Russelll（1931），Graham（1935），Bevenon and Holt（1957），及 Ricker（1958）發展出來；而其中最簡單的一個論述即是 Russell's（1931）所提出的式子：

$$P_2 = P_1 + G + R - Z$$

　　其中　P_2 為族群在 t_2 時間或第二年的生物量

　　　　　P_1 為族群在 t_1 時間或第一年的生物量

　　　　　G 則是從 t_2 到 t_1 時間內，族群因為成長所增加的生物量

　　　　　R 則是從 t_2 到 t_1 時間內，族群因為加入所增加的生物量

　　　　　Z 則是從 t_2 到 t_1 時間內，族群因為死亡所失去的生物量

　　這裡所謂的死亡又可分成自然死亡（M）（如：老死，餓死或被吃掉的量），及漁獲死亡（Y）的部分（即被人類所捕獲的量 yield）；而 R 的部分即是所謂的加入量（recruitment）（圖 4-1）。就漁業而言，加入量指的是魚類從出生後，經歷了卵、卵黃期、仔魚期、稚魚期，一直到牠們加入漁場而成為我們人類所漁獲的

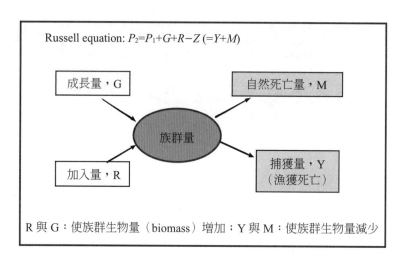

圖 4-1　Russell 方程式之圖示說明

對象時，該時期的族群數量。由於生物族群或魚類從出生一直到加入這段時間可能經歷了數個月到數年（依魚種而定），這段期間內牠們的死亡量相當高，尤其是在幼稚魚階段時，牠們非常的脆弱，很容易受到環境的影響而死亡，因此到了加入階段時，所剩下的族群量就遠不如剛出生時的量了。所以魚類的活存曲線一般是呈指數型的下降（圖 4-2a）；換句話說，死亡率最高的時期是發生在幼魚（一般從卵到仔魚期）階段，一旦牠們長成到稚魚之後，自然死亡率就大幅的減少。也正因為如此，一般認為魚類族群在其幼期階段的死亡率只要稍有變動，整個族群未來的加入量就會受到相當大的影響。

　　然而海洋中影響魚類活存的因子到底有哪些呢？簡單的說，我們可以將之區分為物理環境因子（physical factors）及生物因子（biological factors）。海洋物理環境因子包括如海流、浪的大小或水中擾動、棲地、溫度、鹽度、水中溶氧…等，這些因子又被稱為密度獨立因子（density-independent factors），也就是與族群本身大小或密度沒有關聯的因子，而其中又以溫度及海流的影響比較受到關注；但某些特殊環境如河口域，則水中溶氧量也可能扮演重要的角色。魚類族群在幼稚階段時，游泳能力不足，因此可能被強大的海流飄到遠處不適宜的環境而造成大量死亡（Sinclair, 1987）；水中的擾動亦可能因為氣候的關係而變得過大，進而影響幼稚魚的攝食並造成死亡（Lasker, 1975）；而寒冬的低溫，更可能造成族群的大量喪失（overwinter mortality）；另外，河口域由於夏天的高溫，也可能造成河川（尤其是底部）溶氧量的降低，因而使棲息於此的魚、蝦、貝類大量死亡（Breitburg et al., 1999）等，這都是一些常見的例子。

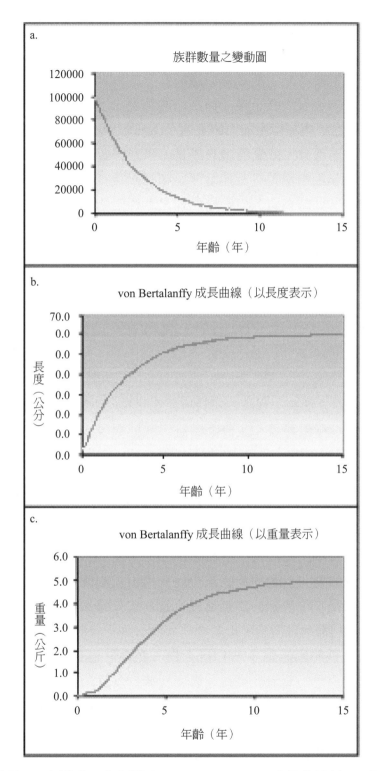

圖 4-2　族群數量 (a)之變動，與個體之 von Bertalanffy 成長曲線以 (b)長度，及 (c) 重量表示之

　　而影響活存的生物因子則包括：食物的缺乏（飢餓死亡），掠食者的掠食，寄生蟲病害等；其中又以掠食死亡（predation mortality）被認為是最大的一個因素。海洋動物族群終其一生都必須面臨掠食者的威脅，而此掠食壓力在幼稚階段時更高。因此，在沒有人為干擾（捕撈）的情況之下，掠食死亡常被認為是海洋動物或魚類族群自然死亡率中最大的來源（Houde, 1987）。

　　相對於死亡的部分，就是所謂的成長。魚類一般也是在幼稚魚階段成長得較快；之後則隨著年齡的增長成長速度開始趨緩，最後達到某個大小之後就幾乎不再有明顯的成長，此時在資源生物學中稱之為極限體長。用來描述海洋動物或魚類成長的模式雖然有許多，但在資源生物學中最常用，也是最為常見的便是 von Bertalanffy 成長曲線，如下式：

$$L_t = L_\infty (1 - \exp(-K(t - t_0))$$
$$W_t = W_\infty (1 - \exp[-K(t - t_0)])^3$$

其中

　　L_t 與 W_t 分別為 t 歲時的體長與體重，L_∞ 與 W_∞ 分別為理論上的最大體長（或稱極限體長）及最大體重（或稱極限體重）（假設該魚可以一直的活存下去的話）；而 K 則是成長係數，為量測該魚體到達極限體長或極限體重的速率；K 值越大代表曲線上升就越快；而 t_0 則是當體長為零時，理論上的年齡大小（常是一個小的負值或正值而不為 0）

　　該成長曲線若以長度來表示則如圖 4-2b 所示，若以體重來表示則如圖 4-2c 一般。值得注意的是，一般的動物很少能夠用上述的曲線式來完全描述其一生的成長過程；特別是在未成熟的幼稚階段，當其成長遠高於成魚階段時，因此幼稚階段的成長曲線常需另做考量。

　　影響魚類成長的因素很多，包括食物、鹽度、溫度、掠食者、族群密度…等；但是較常被探討的莫過於食物、溫度與族群本身的密度。溫度影響代謝，進而影響魚類的成長。合適的溫度將使魚類成長加速；而適合的食物與其持續的供應，更是維持魚類正常成長的關鍵。食物不足，體重將降低，成長就受阻；而成長一旦遲緩，抵抗疾病或寒冬，以及逃避敵害的能力就下降，活存的機會當然也就會大幅降低。我們常說「大魚吃小魚，小魚吃蝦米」，即意味著「大小」（此處的大小包括體長或重量）在海洋動物族群中扮演一個非常關鍵的角色。

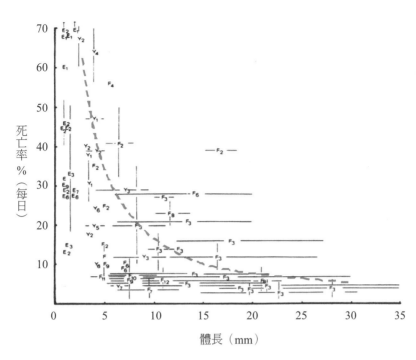

圖4-3　魚卵（E），卵黃期仔魚（Y）及攝食期仔魚（F）死亡率與體長之關係圖。
　　　　垂直區間代表所用文獻之數據範圍，而橫向區間代表估算值所對應之體長範
　　　　圍。估算種類包括：(1)鯷魚 anchovy；(2)鯖魚 mackerel；(3)鯡魚 herring；
　　　　(4)胡瓜魚 capelin；(5)比目魚 flounder；(6)沙丁魚 sardine；(7)鰈魚 plaice；
　　　　(8)美洲西鯡 shad；(9)黑線鱈 haddock；(10)秋刀魚 saury；(11)鱈魚 cod 及
　　　　(12)紅大馬哈魚 redfish。

〔譯自 Bailey and Houde（1989），獲 Elsevier 許可〕

　　海洋動物的一生，隨時隨地都必須面臨著「吃」與「被吃」的抉擇，而一般
的通則是「大」吃「小」，而極少是以小搏大。因此，如果我今天成長得比別人
快一點，那就比別人更具有「大」的優勢，在未來的競爭當中，自然就比別人更
具有活存下去的機會。生態學家們發現，許多的海洋動物死亡率的高低，常常與
其大小（體長或體重）具有密切的關聯（size-dependent mortality）（圖 4-3；
4-4）；且此種關係，不論是就「不同種類」的動物或是「相同種類不同大小」的
動物而言都可成立。

　　另外一個影響海洋動物族群成長的重要因素就是族群本身的密度；在任何一
個生態環境中，該環境所能夠提供給任一動物族群成長活存的資源（例如：食物
與空間）是有其極限的。這個極限，簡單的說就是環境包容力（environmental
carrying capacity）；換句話說，在一個生態環境裡，由於「資源」有限，因此，

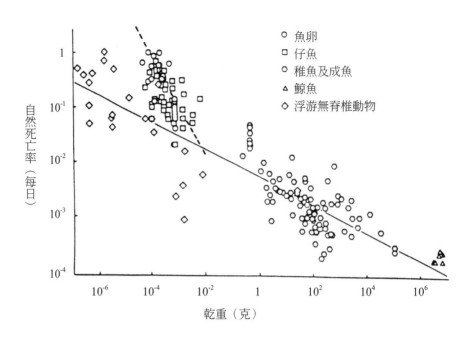

圖例：
○ 魚卵
□ 仔魚
◎ 稚魚及成魚
△ 鯨魚
◇ 浮游無脊椎動物

圖4-4　海洋生物之瞬間死亡率（每日）與體（乾）重之關係圖。實線為 Peterson 及 Wrobelwski（1984）模式之死亡率估計值，而虛線為卵及仔魚期取對數值後之迴歸直線

〔譯自 Bailey and Houde（1989），獲 Elsevier 許可〕

它所能「養育」的族群量便有一定的限度。如果族群密度過高而超過了此環境所能「養育」的限度，則族群的成長便開始受限而呈現下降的趨勢，這就是所謂密度依存（density-dependent）的影響。密度過高，將使族群中的個體因為食物或空間的不足，而降低成長。個體成長一旦受限，隨後個體的產卵數當然也會跟著下降（因為一般而言，個體的產卵數是隨體重的增加而增多），加入量也會受到影響，而整個族群的生物量也就可能跟著降低。因此，海洋動物成長狀況的好壞，或成長率的高低，也就與死亡率一樣，成為影響族群加入量大小的重要因素之一（詳見隨後章節）。海洋生物族群的活存可說與其成長密不可分。成長與活存的研究，在資源生物學中其實是一體兩面，缺一不可的重要課題。

第二節　生物量的生產機制

　　海洋生物族群的成長與活存，共同決定了族群生物量的大小。前述章節裡，我們談到了魚類的活存曲線一般是呈指數型的下降，而成長（重量）曲線亦可以

指數型的上升曲線來代表。因此，所謂的生物量（biomass）即是「數量」乘以「重量」所得的結果，如圖（4-5）所示。而漁獲量則僅是族群生物量中被人類捕撈的部分。若以簡單的數學式來表示，則族群數量隨時間的變動可以：

$$N_{T+1} = N_T \times e^{-zt}$$

來代表。其中 N_T = 族群在 T 時期或某生活史階段（可為任何時間單位，如天或月或年）的族群數量，而 N_{T+1} = 族群在 T+1 時期，或經歷了一年後的族群數量；Z 稱之為瞬間死亡率，而 t 則為 T 時期到 T+1 時期所經歷的時間，在此為 T+1−T=1。同理個體指數型的重量成長則可以

$$\overline{W}_{T+1} = \overline{W}_T \times e^{Gt}$$

表示，其中 $\overline{W}_T$ = 為 T 時期（或 T 生活史階段）個體的平均重量，而 $\overline{W}_{T+1}$ = 族群在（T+1）時期族群個體的平均重量；G 則為個體在此期間內之成長率；因此，生物量也就成為

$$B_{T+1} = \overline{W}_{T+1} \times N_{T+1} = \overline{W}_T \times N_T \times e^{(G-Z)t} = B_T \times e^{(G-Z)t}$$

亦即生物量的成長（或隔年生物量的大小）B_{T+1} 決定於該段期間內個體成長狀況（G）的好壞，與死亡率（Z）的高低。假如此段期間內「成長」超過「死亡」，則生物量就會有增長。值得注意的是，一般魚種在其一生當中，會有一個階段是其族群生物量達到最高的時期（即 G 高過 Z 最多的時期），而這個時期通常是在稚魚期到成魚期之間的某個階段。因此，生物量的變化一般呈現先增後減的曲線型（圖4-5）。理論上對於該資源的最佳開採或捕撈時期，也應該是在生物量達到最高的時期。假如我們太晚開發該生物族群，便浪費許多的生物量（即因自然死亡而喪失）；

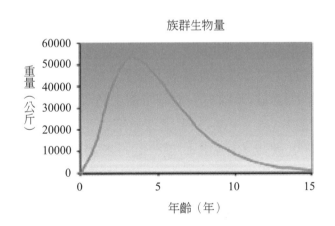

圖 4-5　族群生物量隨成長而改變之示意圖

但假設我們開發得過早,則一樣浪費許多的潛在生物量(因 G-Z 還有可能繼續增加),也就是我們沒有讓族群有足夠的時間去成長到生物量最高的時後才去開採。話雖如此,實際上,我們並無法真的都在資源生物量達到最高的時後去開採。因為生物量達到最高的時期,通常都是在稚魚到成魚之間的某個階段;而多數的魚種在這個時候的大小,並不是市場價值最高或最好的大小。

此外,回顧前述 Russell's 公式中,我們談到族群的動態可以 $P_2 = P_1 + G + R - Z$ 來表示。因此 P_2 與 P_1 之間的變化必須取決於成長與加入量(也就是 R + G)減掉死亡量 Z(亦即漁獲 Y+ 自然死亡 M)的相對大小而定,如下列式子:

$$假如 R + G > Y + M 則 P_2 > P_1$$
$$假如 R + G = Y + M 則 P_2 = P_1$$
$$假如 R + G < Y + M 則 P_2 < P_1$$

因此,假設該年度族群有很好的活存率(即自然死亡率低),也就是一直到牠們加入漁業時,族群的數量(即加入量)很高,而該年度漁獲壓力(即漁獲死亡)又低,且活存的個體也都有非常好的成長,則今年的生物量就就會比去年的生物量來得高($P_2 > P_1$),亦即族群生物量是呈現「增加或成長」的狀態。但如果該年度的族群加入量與成長量剛好被自然死亡與漁獲死亡的部分抵銷($P_2 = P_1$),則族群量就呈現停滯,不增也不減;而假設該年度的環境不佳,族群活存率低(即 M 高),個體成長也不好,加入量也相對減少。此時,假若我們的漁撈壓力還是偏高,則由於 Y + M 的量超過了族群能夠補充(R)與成長(G)的量,因此族群生物量就必定逐年下降了($P_2 < P_1$)。

Graham(1935)進一步將上述平衡狀態(即 $P_1 = P_2$)下的 Russell 方程式改寫成 Y=R+G-M,並做如下的詮釋:Graham 認為在沒有人為的漁撈壓力之下,其實 R+G-M 的部分就是所謂的族群自然增加量(V),亦即族群自然成長超過自然死亡的部分,也就是所謂的剩餘生產量(surplus production)。假設人類捕撈這個族群的量等於這個族群的自然增加量,或剩餘生產量時,則理論上族群便可以一直的持續下去,我們稱此時的漁獲量為持續漁獲量或持續生產量(sustainable yield)。假設人類捕撈的量低於此自然增加的量(Y < V)時,族群生物量當然每年都會有所「剩餘」,因此也就會逐年增加;而假設捕撈量大於族群所能自然增加的量(Y > V)時,族群生物量自然就會逐年萎縮了。此外,必須注意的是,族群的自然增加量並非一成不變,而是隨著環境與族群的大小而改

變。在許多的持續漁獲量中,與最大自然增加量相等的持續漁獲量,在資源生物學中我們稱之為最大持續漁獲量或最大持續生產量(Maximum Sustainable Yield, MSY),這也是我們對資源的利用,或者說在資源研究上所希望達到的一個(理論上的)理想目標。本節內容主要針對生物量的增長與變動做一觀念上的詮釋,而有關持續生產量模式的數學導證與應用,則將於本書另外章節中再詳細論述。

第三節　族群動態與加入量變動機制的概念與瞭解

　　海洋生物族群為何會變動呢?談到這個問題,我們還是可以 Russell 的公式來做說明。如前所述,既然族群生物量的「消」與「長」必須視族群的成長與加入量,以及活存或死亡(含人為捕撈)的關係而定,那麼理所當然的,任何影響族群成長與活存的因子,都會影響到族群的變動。而所謂的族群動力學(population dynamics)即是探討族群量變動機制的學門。影響族群成長及活存的因素固然有很多,除了生物族群本身的出生、死亡外,還受到許多環境因素(如:氣候、食物、掠食者及海流等)的影響。因此,瞭解及量化各種影響因子,並進而預測族群的變動,一直是族群動態學所探討的中心課題。而由於出生,成長與活存的機制又共同決定了「加入量」的大小,也決定未來人類漁業可以利用及捕撈量的大小,因此,多位學者(Sissenwine, 1984; Houde, 1987)認為,漁業科學最為核心的問題,也是漁業管理上最主要的不確定性根源,其實就是加入量變動(recruitment variability)的問題。

　　談到加入量變動的問題,我們可以借用「雞生蛋,蛋變雞」的概念來加以說明,有(母)雞才會有(生)蛋;而沒有蛋,自然也不可能會有雞。就魚類族群而言,若族群中成熟的個體,也就是產卵群的數量越多,則理論上其所產出的卵數就越多,未來這些卵孵化再長大成為人類可以捕撈的魚群(加入量)也就應該越多,這就是資源生物學中常說的「產卵群與加入群」的關聯性(stock-recruitment relationship)。生物資源自然不可能無中生有,因此,這種關係理論上是應該存在於任何的生物族群;但是,如果我們檢視多數的已開發魚類資源,從其「產卵群與加入群」的關係中,幾乎僅能發現極少數的例子有此種關係的存在。多數的族群顯示「產卵群」的多寡,似乎與未來「加入量」的大小毫無關聯(Rothschild, 1986; Cushing, 1996),這是為甚麼呢?一般認為這是因為魚類出生後,必須經歷許多的時間(少則數月,多則數年)才會長大,並成為漁業捕撈的對象(加入群)。這段期間內有許多複雜的因素,包括氣候及其他物理環

境因子與生物因子等，都會影響到牠們的成長與活存，也因而破壞了此種本應存在的關聯。舉個最簡單的例子：假設今年某魚種的產卵族群數量很高，因此產出的卵數也就多，所以我們期待幾年之後，也就是這些卵孵化、長大之後，加入到漁業的量也會提高；但不幸的是，這些卵孵化變成仔魚後，剛好碰上了異於往年的惡劣環境（可為生物或非生物因素），造成仔魚階段的死亡率變得非常的高，那麼，此後就算不再有其他重大因素的干擾，則到了仔魚長大加入到漁業時的族群量也會變得很低，而非原先我們所期待的高加入量了。由於不同生活史階段可能經歷不同環境因子錯綜複雜的影響，因此也就讓加入量的大小變得非常難以預測。

　　有關影響魚類族群加入量變動機制的研究，已有相當好的基礎（Sissenwine, 1984; Houde, 1987; Miller et al., 1988; Bailey and Houde, 1989; Cury and Roy, 1989; Myers and Pepin, 1994; Watanabe et al., 1995）。美國學者Houde（1987）就曾經以魚類一生中所經歷的族群調節機制（圖 4-6）來加以詮釋。圖中縱軸代表族群的豐度，而橫軸則是所經歷的時間，或代表族群中個體所處的生活史階段。

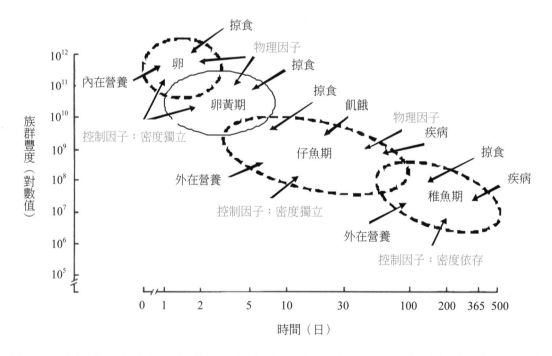

圖 4-6　魚類族群加入量變動機制之概念示意圖，包括 4 個初期生活史階段之營養來源，可能的死亡造因，及各階段族群的可能調節機制；注意各個階段都含括有掠食死亡

〔譯自 Houde（1987），獲 Ameria Fisheries Society 許可〕

該圖也就是族群數量隨著成長階段而做改變的趨勢圖。Houde 認為，魚類出生後在卵（eggs）及卵黃（yolk-sac larvae）期的發育階段，魚體所需的營養由個體本身（即卵）所提供（endogenous nutrition），並不需要向外攝食才能活存，因此這個時期影響個體活存，或是控制族群量變動的主要因子為物理環境因子，也就是前述的密度獨立（density - independent）因子：例如海流，溫度等，以及生物因子中的掠食死亡。

　　而到了仔魚期時，這時候卵黃已經耗盡，必須靠外在的攝食（exogenous nutrition）才能夠活存。在這個階段，除了原先在卵及卵黃期所造成的死亡原因之外，由於一時找不到適合的食物而餓死（starvation）的因素，也成為影響其活存量的可能重要因子之一。此時由於個體仍小，非常容易受到海流及海中各式各樣的掠食者所攻擊，掠食死亡的壓力仍然很大，因此，影響此階段族群量變動，或族群死亡率的主要原因，大致仍以物理環境為主；但掠食與飢餓或疾病等因素也不能忽略。到了稚魚階段，此時游泳能力已經增高，對抗掠食者的能力也已改善，族群的死亡率因此相對減小；加以此時由於外在營養需求大增（就像我們人類在青少年時期般，極需大量的食物來供成長之用），因此，低死亡率（族群密度高）加上攝食需求高，往往就有可能造成密度依存（density-dependent）的現象，亦即此階段容易因族群密度過高，食物或空間不夠，而使個體以致族群的成長開始受到壓抑而減緩。此階段族群量的變動（或控制因素）雖然還是會受到掠食及疾病的影響，但族群本身的密度（即密度依存要素）將扮演重要的角色。

　　過了稚魚階段，一般個體已經過了快速成長（如青少年）的時期，加以成魚階段族群密度已經下降到相對低值，因此，該階段的族群量一般不太會受到密度依存的影響（也就是不太會有食物或空間不夠的情形發生），也較不會受到自然環境中的物理（海流、溫度）或生物因子（掠食、疾病、飢餓等）的衝擊；唯一影響較大的則是人為漁業的捕撈（fishing）或環境的破壞；也因此，在一般探討自然環境對魚類族群加入量變動機制的影響時，都是以仔、稚魚階段的研究為主。因為在此階段族群的成長或死亡最易受到環境的影響，而一旦成長（率）或死亡（率）有些微的變動，則隨後族群加入到漁業的量（也就是加入量）就會有相當大的改變，所以我們也稱這些與族群成長攸關的率為 vital rates。

　　成長與活存的微妙關係與互動，進而影響到族群加入量大小的情形，可以用簡單的理論族群來做詮釋。假設我們有四個理論上的族群（表 4-1），牠們剛出生時的數量都一樣，但所遭遇的環境各有差異，族群 A 處於一個比較安定的環境，所以瞬間死亡率較小（0.1 / 天）；而另一族群 B 則處於一個相對較差的環境，

所以瞬間死亡率稍為高了一點而為 0.125/ 天。此時假設兩個族群的個體成長率 G 都相同，也就是都是經歷了 45 天後到達稚魚階段，則根據前述族群數量隨時間而變動的公式（$N_{T+1} = N_T \times e^{-zt}$），我們可以計算出該兩族群在經歷了 45 天之後所剩下（活存下來）的數量，或是加入到稚魚期時的族群量。其中 A 族群僅剩下 11,109 個體，而 B 族群則僅剩 3,607 個體，約為 A 族群量的 32% 而已。同樣的道理，假設另有一族群 C，其死亡率與 A 族群同，但其成長較差，而成長差的結果就是牠們必須花較長的時間才能渡過仔魚的階段。假設個體因此必須花 56.2 天才能長到與 A 族群的個體一樣的大小，那麼，56.2 天後的族群量就剩下 3,625 個體，也差不多是 A 族群量的 33% 而已。

表4-1 在（A）好，及（B，C，D）三種可能不好環境狀態下，幼稚魚的理論加入量。不好狀況代表死亡率或成長率高出 25% 的情形。在此，加入量指的是加入到稚魚階段的量（即完成仔魚階段時族群所剩下的量）

環境狀況	最初族群量	瞬間死亡率（每日）	成長到稚魚期（型態變異）所經歷的天數	加入量
A. 好	1,000,000	0.100	45	11,109
B. 不好	1,000,000	0.125	45	3,607
C. 不好	1,000,000	0.100	56.2	3,625
D. 不好	1,000,000	0.125	56.2	889

但事實上，當個體成長變差時，其逃避天敵的能力也會相對降低，故每日的死亡率就會相對的增高，因此較可能發生的狀況是 G 減小，且 Z 同時也變大；也就是同時發生 B 與 C 族群中不好的情形（即表中 D 的狀況）；這時候，我們再檢視族群量的變化時就會發現族群僅剩下 864 個個體了，也就是約為 A 族群量的 7.8 %（不到 1/10 的量）而已。這個簡單的例子告訴我們，幼稚階段的海洋動物族群，由於其 G 與 Z 都很容易受到外在環境（生物或非生物）的影響，因此，G 與 Z 只要有一點點的差異（如此例，假設仔魚階段共成長了 2 公分，所以 45 與 56.2 天的差別僅是 G 差了約 0.01/ 天而已，而 Z 也僅是 0.025/ 天的差異），則加入到稚魚階段時，族群量就有可能差到 10 倍以上之多。也因此一般漁業科學家們認為在自然因素當中，影響魚類族群加入量變動最大的時期，應是在卵到仔魚的階段（Sissenwine, 1984; Houde, 1989; Pipin, 1993; Leggett and Deblois, 1994; Wang et al., 1997），而許多的海洋動物或魚類族群加入量的好壞，一般也必須在渡過仔魚階段後的某個生活史階段才有可能被預測（Sissenwine, 1984; Peterman et al., 1988; Butler, 1989; Butler et al., 1989; Wang, et al., 1997）。

　　瞭解到上述的微妙關係之後，也就不難發現為何有關影響魚類族群加入量變動機制的假說（hypothesis）大多是集中在幼稚階段所發生的事件。例如 Hijort（1949）提出所謂的關鍵期假說（critical period hypothesis）；他認為魚類在前述所說的卵黃期過後，初次開始向外攝食時，將是一個關鍵性的階段，如果這個時候牠們找不到合適的食物，則這些幼稚魚將撐不了幾天便會餓死；而由於大海茫茫，幼稚魚出生後又極易被海流飄送到他處，因此，碰不到適合的食物而死亡的機會不低，故認為這個階段的死亡率高低變動很大，也將決定族群未來加入量的大小（圖 4-7）。而 Lasker（1975）則提出所謂的海洋穩定假說（stable ocean hypothesis），認為幼稚階段的仔魚在攝食時，除了必須要有合適的食物之外，其餌料生物的密度也必須要夠高，如此才能確保此階段的攝食成功與活存。他利用野外實地的採樣（詳見 Lasker）證實：加州鯷魚（anchovy）仔魚的活存，的確與攝食階段時的海況穩定與否具有密切的關聯；如果海況不穩（因風暴影響），則水中餌料生物將被打散，仔魚將無法成功地攝食足夠的食物而活存下來，進而也就影響到族群未來的加入量。

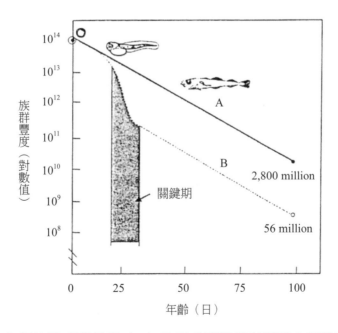

圖 4-7　魚類族群受關鍵期（A）及不受關鍵期影響時之理論活存曲線

〔譯自 Houde（2002），獲 Blackwell Science 許可〕

　　除此之外，Cushing（1975）在觀察溫帶水域許多魚種的加入量變動機制後認為：在這些區域，由於海洋中的生產力季節性相當明顯，因此，許多魚類的產卵期也多配合選擇在大約相同的時間，以讓仔魚有充足的食物可以吃而有最好的活存機會。他觀察到許多魚種加入量的大小，似乎與牠們的仔魚期及海域生產力出現的高峰期是否吻合一致（match）有相當大的關聯。如果仔魚階段剛好與該水域的生產力高峰期較為吻合一致，則仔魚將能獲得最佳的攝食，且有最高的活存率，因此，幾年之後的加入量也較高；反之，若兩者無法吻合一致（mis-match），則幾年之後的加入量就變差（圖 4-8）；因此，match 與 mis-match 假說被認為是影響溫帶魚類族群加入量變動很重要的一個機制。

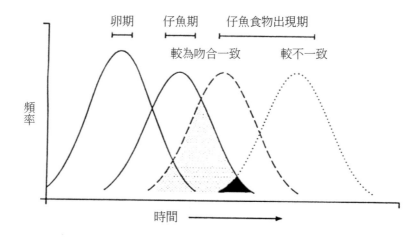

圖 4-8　Cushing 的環境初級生產力與初次攝食仔魚期的出現期是否吻合一致的假說（match and mis-match hypothesis）示意圖

〔譯自 Leggett and Deblois（1994），獲 Elsevier 許可〕

　　Sinclair（1987）認為族群的持續並非僅是靠活存至成熟階段的個體數目多寡而定，而是否能夠找到配偶繁衍後代也將是影響因素之一。因此，族群的分佈必須維持在一相對固定的地理區域內，以便有機會繁衍與存續下去。而每年族群豐度（abundance）的變動，要看該族群在地分佈的地理區域遺失成員的多寡而定；這對許多具有浮游期（planktonic stage）的海洋動物而言，尤其重要。而其中物理海洋因子被認為是造成其成員遺失的最主要機制。族群中被海流飄散到他處的成員被稱為漂泊者或流浪漢（vagrants），這一部分的成員有可能因環境不適（可為生物或非生物因素）而死亡，也有可能因找不到配偶而無法繁衍，因此算是族群的損失；反之，沒有遺失的部分則是族群中的成員（member）。Sinclair 稱此

為「成員／流浪漢」（member/vagrant）假說。該假說強調：族群中的成員必須在其生活史中的適當時間出現（或存在）於恰當的地點，如此才能確保族群的繁衍與存續，進而決定族群豐度的大小。

另外，Sissenwine（1984）與 Houde,（1987）認為：因為一般魚類族群的加入量在其初期生活史階段便已經建立，而此階段掠食死亡一直是影響其數量非常重要的因子之一（Bailey and Houde, 1989），因此，任何用來解釋族群加入量變動或族群數量調節的理論，都必定與掠食（predation）有關。而由於族群遭受掠食死亡的高低，又與其成長及渡過某生活史階段的時間長短（stage duration）有密切的關聯，因此，前述有關成長與死亡的微妙關係討論，也可以說明掠食死亡在族群變動上所可能扮演的重要角色。其他與族群加入量變動或初期活存率有關的假說尚包括「浮游（餌料）生物接觸率」（plankton contact）（Rothschild and Osborn, 1988）與「大就是好」（bigger is better）（Miller et al. 1988）及「階段期長短」（stage duration）（Houde 1987）、仔魚留滯（larval retention）（Iles and Sinclair, 1982; Sinclair, 1987）等假說，但其立論觀點或為上述假說的延伸，或為類似的概念，有興趣的讀者可以參考後面所列文獻再做進一步的閱讀。

談了這麼多的相關假說並非意味著這些機制就是控制海洋動物族群加入量變動的唯一造因。事實上，除了上述可能的自然影響因素之外，人類的捕撈影響，也絕對不容忽視。漁業的影響包括直接降低「標的」（target）魚種的族群數量與生物量，也可能經由混獲（bycatch）或透過食物鏈的牽連而影響到非標的魚種（non-target species），或甚至改變了族群的基因組成（Bohnsack, 1990; Sutherland, 1990; Harris and McGovern, 1997）。學者們（Ludwig et al., 1993; Larkin, 1996）甚至認為許多海洋動物族群的崩潰，其實都與人類的過度捕撈有密切關聯。世界糧農組織 FAO（Food and Agriculture Organization）的統計資料（圖 4-9a）顯示：隨著人類的開發，海洋魚類族群中已經被過度開發的資源有急遽增高的跡象；而未被開發的資源則有急遽下降的趨勢。目前世界上已經有大約三分之二的主要魚類族群是處於過度開發或耗竭的狀態，而僅有三分之一不到的族群是處於中度或尚未開發的階段（圖 4-9b）；這些事實都足以顯示：人類的開發的確已經嚴重的衝擊到海洋中的魚類資源。而由於人類的捕撈一般以族群中成熟的大型魚為主（因為魚大，價格才好），故漁具漁法所標的的目標，也就無意中選擇性地移除了大量的成魚。這些成魚是魚類族群得以存續的主要根本，因為只有成熟魚才會產卵（或有母魚才會有小魚），而越大的成魚一般產的卵數也越多（Hunter, 1982; Wang and Chen, 1992）；因此，大量捕撈大魚的結果，也就造

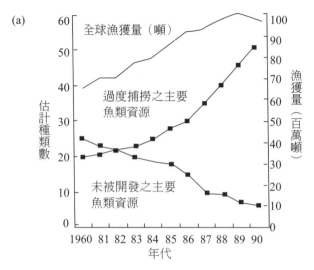

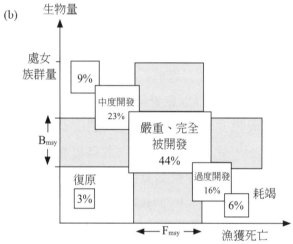

圖 4-9　世界上主要魚類資源過漁狀況示意圖。(a)全球主要魚類資源開發狀態，(b)
　　　　三分之二的魚類資源已經嚴重的過度開發，B_{msy} 與 F_{msy} 代表最大持續生產量
　　　　（MSY）下之生物量及漁獲死亡

（譯自 Cushing（1996），獲 Ecology Institute 許可）

成了產卵群數量的大幅降低，產出的後代自然會大幅減少；而隨後這些魚長大後
加入到漁業的量也就跟著下降（圖 4-10）。此種現象在資源學中也稱之為加入量
過漁（recruitment overfishing）。而另一相關的現象是，假若我們的漁撈壓力過
大，以致大魚被抓得所剩無幾，因此漁獲中的個體變得越來越小，此時我們便稱
之為成長過漁（growth overfishing）。值的注意的是，這些都是漁業開發過度的
徵兆，且兩種過漁現象都有可能同時或先後發生。

　　由以上的討論，我們可以說在沒有漁撈的壓力之下，海洋動物或魚類族群的

加入量變動與調節機制應主要控制（粗調）在初期生活史（卵與仔魚）的階段；而稚魚期與到加入漁業前之階段，則扮演「微調」的角色。但人類的大量捕撈，則添加了另一項重要的影響與變因，也對原本已經不易預測的加入量，增添了更多的不確定性（圖 4-10）。此外，必須注意的是，這些假說中所談及的事件或漁撈的影響，都有可能在魚類生活史中的某個、或某些階段，獨立、或同時發生而共同影響到族群的加入量變動，因此不應以個別獨立的事件來思考上述的問題。

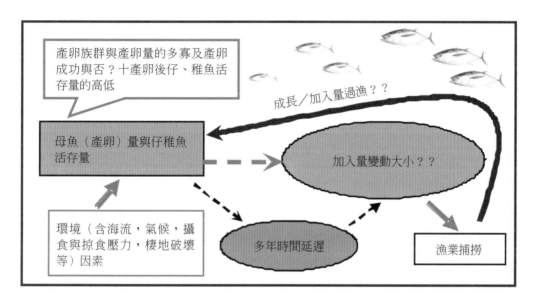

圖 4-10　環境因子與漁撈壓力對海洋動物族群加入量變動機制之可能影響的連動關係示意圖。？？表示加入量的不確定性，其變動必須視其他因子之影響而定。

第四節　資源動態與資源管理之思考

　　資源之所以需要管理，大多是資源本身已經出現某些問題。上一節我們提到漁業科學最核心的問題，也是漁業管理上最主要的不確定性根源，就是加入量變動的問題。而既然想要有效管理，自然就不能不去瞭解影響這些資源變動的緣由，否則就談不上管理，更遑論去預測它的變動了。在前面的章節裡，我們探討了許多相關的假說，也說明了人為漁撈的可能影響與衝擊，因此，我們一定會問：決定海洋動物族群加入量大小的因素到底是甚麼呢？面對這麼多錯綜複雜的可能影響因子，我們站在資源管理的觀點，又應該要有何思考與對策？或要如何去面對呢？

在此，僅就資源動態相關文獻所討論的觀點及個人的看法來提供讀者一些參考與思考方向。首先，由前面的說明，我們可以瞭解到影響資源變動的根源，不外乎物理環境因素或所謂的密度獨立因子，包括食物與產卵期是否配合、穩定海洋、流浪漢／成員、餌料生物接觸率等假說，以及與族群密度有關的「密度依存」因子：包括前面所談的有關成長與階段期長短等假說均屬之。而掠食、個體營養／攝食狀況的好壞，甚或漁撈壓力及其他人為的環境破壞等。也都必須做綜合的考慮，才有可能瞭解到族群一生當中，死亡率是如何的的變動，進而影響到加入量的大小。因此，我們可以說小至與個體的攝食或成長相關，大至與整體環境的好壞（如海流，天候，環境初級生產力大小等）等，都有可能對海洋動物族群的活存造成關鍵性的影響。但由於各個族群所處的生態環境不同，影響其加入量變動的主因也就可能有所差異，因此在管理上也就必須有因地制宜的考量。

Rothschild（1986; 2000）曾經對魚類族群的調節與控制機制做了很好的詮釋。簡要的說，他認為魚類族群的一生可以分成幾個不同的生活史階段，每個階段各有其特定的族群調節機制在運作，而維持族群的數量；此種調節機制的強弱、大小或規模（scale），在各個生活史階段均不同，但各階段間會相互影響而有密切的關聯，而環境因子與漁業則是兩種可能強化或減低族群調節機制的力量。舉例來說，假設某一魚種因仔魚所處的環境在那一年度變好（如海域的食物生產變多等），此一階段其活存率自然隨之提高，因此，當牠們發育到稚魚階段時，族群本身的密度就高，而此時由於適值魚類的青少年期，其攝食需求增高，因此，環境中的食物或空間就有可能變的不足，此時密度依存的現象就有可能顯現。個體在食物不足的情況下，稚魚階段的成長就會變慢，死亡率也可能提高（因成長不好，逃避敵害的能力變差），整個族群的生物量到此階段時就會減少，這就是一種族群自身的調節機制。Wang et al.（1997）在研究美國 Chesapeake Bay 的鯷魚資源變動時，也發現到類似的情形。但假若上述稚魚階段時，魚群配合著大批洄游（migration）而來到一個較佳（如：食物更多）的環境；或是說在稚魚階段時，環境狀況（如氣候或季節生產力等）變得比往年高許多（此時環境包容力變大），則上述成長減緩的情形便不會發生。反而族群的量在此階段因攝食佳，成長好而更加的膨脹，因此加入到成魚或漁業的量就有可能會變得更好。同理，若在密度過高的情況之下捕撈部分的資源，反而可以降低密度依存的影響，而不至讓個體或族群的成長受到影響。所以說漁撈或環境因子都有可能影響到族群調節機制的發生與結果。一般在沒有外力（如漁撈）干擾及環境沒有甚麼大的變動（或環境包容力穩定）情況之下，族群調節的機制較有可能

顯現，而年度間族群加入量的變動幅度也會維持在相對較為穩定的狀態（Wang et al., 1997）。

　　談到這裡，或許讀者們會有一種感覺：那就是上述所討論的無論是資源動態或生物量的生產，似乎還是以物理環境因子的影響居多，而其他因子的影響較少。我想，這必須依個例而定。事實上有許多的研究顯示，海洋動物或魚類族群的變動，有時似乎與漁撈壓力並沒有直接的關聯（Mann, 1993; Pope and Macer, 1996）；例如 1920～1990 年間有許多年，北海牙鱈（whiting）與其他鱈類（cods）族群的豐度在漁撈壓力增高時，仍呈現增加的趨勢；而浮游性的鯡科（herring）魚類，則有部分族群（如南部系群）在 1940 年代漁獲壓力尚未增加前，便已呈現下降趨勢，但北部群則在漁獲壓力不減下，反而增加。此外，近期的一些研究（Beamish and Bouillon, 1993; Mann and Drinkwater, 1994）更顯示許多分佈於不同地理區域的族群，其所呈現的長期變動型態則有同步或一致的情形。例如全球湧升流域的鯷魚族群（Lluch-Belda et al., 1989; Lluch-Belda et al., 1992），或大西洋與太平洋區的鮭魚族群（Mann, 1993）等，此意味著的確是有某種漁業以外，或跨越洋區的大規模環境變遷，或氣候在影響這些族群的變動。

　　近幾年來常被討論的所謂領域變遷（regime shift）（Hays, et al., 2005）與魚類資源變動的問題（Chavez et al., 2003; Beamish, et al., 1999）其實也就是大環境的改變所致。Chavez et al.（2003）發現，太平洋區主要湧升區域的沙丁魚（sardine）與鯷魚（anchovy）族群，其年度間的加入量或有高低的變動，但長時期的族群變動趨勢，則似乎有呈每 25 年，交互更替的現象。一般在溫暖的年代（warm regime），沙丁魚為優勢族群，而較冷的年代（cold regime），則鯷魚居於優勢地位（圖 4-11）。這個事實也提醒了我們，看待資源變動的問題，必須採取不同的時空層面來思考，我們應該可以這麼說：大環境的改變，似乎是主導生物資源長期變動趨勢的潛在造因；但短期的變動，則與近期的海洋環境變動，及人為的漁獲壓力或環境破壞等因素有密切的關聯。

　　綜合上述的討論，個人深深以為：就資源管理與利用的層面來說，族群動態的瞭解乃是最為基本、也是必要的條件；「人」不太可能可以「勝天」，但卻必須要「順天」。面對資源的變動，我們必須要瞭解到環境如何影響到資源加入量的大小或變動，以及資源能夠抵抗人為或自然環境衝擊的限度；如果某些環境狀況的確發生了，則我們必須要順應大自然環境的變遷，調整我們的資源開發策略，以便將對資源的可能影響或衝擊減至最低。舉例來說，如果我們知道鯷魚資源受到聖嬰年（El'Nino）的影響很大，那麼當聖嬰年來到時，我們就必須要減少

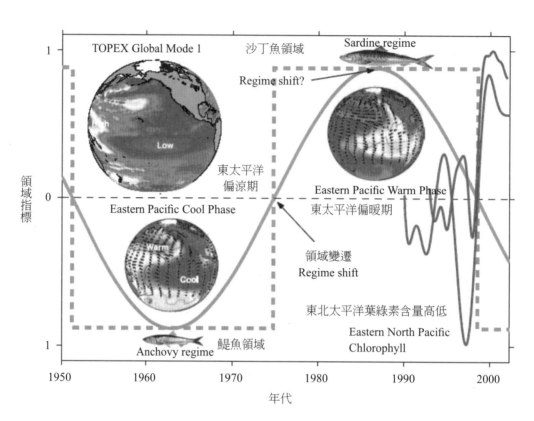

圖 4-11　理論上的領域變遷指標之震盪週期（50 年）。1950～1975 年間東太平洋平均水溫低於平均值，此時期鯷魚占優勢；而 1975～2000 年間東太平洋平均水溫高於平均值，此時期沙丁魚占優勢

〔摘譯自 Chavez et al.（2003），獲 American Association for the Advancement of Science 許可〕

漁業的壓力，或甚至停止捕撈，以便讓鯷魚族群在環境不好的「壞年冬」有喘息的機會。我們必須認清，只要有人為的開發，則無論大小，一定都會對資源有所影響。只是當大環境好或海域生產力高的時候，漁業的衝擊或影響就相對顯得較小；反之，當環境不佳的時候，則任何人為的漁獲壓力影響，就很容易的被凸顯出來。因此，如果我們不知到要順應自然環境的變化而做調整，並持續地，甚或因魚變少而加強漁撈作業的壓力，那麼便是火上加油，加速資源的崩潰。

　　Larkin（1996）曾認為；世界上許多漁業資源的崩潰，其實都是在環境不佳，連續多年加入量不好的情況下，人類還繼續施予強度的漁獲壓力所造成的結果。所以，我們必須知道，大環境的改變，為我們設下了生物資源可以生產的上限（環境包容力的大小）；而所有的資源管理模式，也必須在此大環境之下進行合理的調整。任何環境下的資源或漁業開發，必須要有其限度。合理的開發，族群可以透過成長與加入來補充其所失去的量。但假如過度的開發而超越了族群所

能補充的量時，族群便只有走向崩潰的命運。Ludwig et al.（1993）說過：資源的問題，其實並不是真正的環境問題，而是我們人類在各種政策、社會與經濟環境的考量下所製造出來的問題。因此，個人也願藉此機會再三呼籲讀者：有效的資源管理必須植基於對資源本身特性及動態的掌握；而如何加強資源動態的瞭解，並順應大自然環境的改變，因地、因時制宜，調整我們對資源的開發與管理策略，以達永續利用的目標，實在是所有關心資源的人所必須共同發揮智慧，努力以達的目標。

本章摘要

海洋生物資源具有生長、繁衍的可再生（renewable）特性。因此，生物資源只要能合理地開發與利用，便得以永續。Russell（1931）曾經對此資源變動提出了相當好的論述。影響魚類活存的因子包括物理環境因子（physical factors）及生物因子（biological factors）。物理因子包括如海流、浪的大小或水中擾動、棲地、溫度、鹽度、水中溶氧…等。這些因子又被稱為密度獨立因子（density-independent factors），也就是與族群本身大小或密度沒有關聯的因子；而生物因子則包括食物的缺乏（飢餓死亡）、他類的掠食、寄生蟲病害等。其中又以掠食死亡（predation mortality）被認為是最大的因素。魚類的活存曲線一般呈指數型的下降，而成長則一般以 von Bertalanffy 成長曲線做為代表。所謂的生物量（biomass）即是「數量」乘以「重量」所得的結果，一般也呈現先增後減的曲線型。理論上資源的最佳開採或捕撈時期也應該是在生物量達到最高的時期，否則便可能浪費許多的生物量。

Graham（1935）將平衡狀態下的 Russell 方程式改寫而認為：在沒有人為的漁撈壓力之下，其實 R＋G-M 的部分就是所謂的族群自然增加量，也就是所謂的剩餘生產量（surplus production）。假設人類捕撈族群的量等於這個族群的自然增加量時，理論上族群便可以持續下去，我們稱此時的漁獲量為持續漁獲量或持續生產量（sustainable yield）。而在許多的持續漁獲量中，與最大自然增加量相等的持續漁獲量，我們便稱之為最大持續漁獲量或最大持續生產量（Maximum Sustainable Yield, MSY），這也是我們對資源的利用，或是在資源研究上所希望達到的一個（理論上的）理想目標。

影響海洋動物族群成長及活存的因素有很多，除了生物族群本身的出生、死亡外，還受到許多環境因素的影響。因此，瞭解及量化各種影響因子，並進而預

測族群的變動，一直是族群動態學所探討的中心課題。而由於出生、成長與活存的機制又共同決定了「加入量」的大小，也決定未來人類漁業可以利用及捕撈量的大小，因此學者們認為，漁業科學最核心的問題，也是漁業管理上最主要的不確定性根源，其實就是加入量變動的問題。影響魚類族群加入量變動機制的假說有許多，主要包括 Hijort（1949）的關鍵期假說（critical period hypothesis）；Lasker（1975）的穩定海洋（stable ocean）假說，Cushing（1975）的配合—不配合（match-mismatch）假說，Sinclair（1987）的流浪漢／成員（member/vagrant）假說，以及 Houde（1987）之掠食等假說。而除了自然影響因素之外，漁業捕撈的影響，也不容忽視。學者們甚至認為：許多海洋動物族群的崩潰，其實都與人類過度的捕撈有密切關聯。在沒有漁撈壓力之下，海洋動物或魚類族群的加入量變動與調節機制，應主要控制（即扮演「粗調」角色）在初期生活史（卵與仔魚）的階段；而稚魚期與到加入漁業前之階段則扮演「微調」的角色。但人類大量的捕撈，卻添加了另一項重要的影響與變因，也對原本已經不易預測的加入量，增添了更多的不確定性。我們應瞭解到，大環境的改變，為我們設下了生物資源可以生產的上限（環境包容力的大小），而所有的資源管理模式也必須在此大環境之下，進行合理的調整，否則族群便很容易走向崩潰的命運。

問題與討論

1. 請簡要說明 Russell 方程式及其所代表之意義。

2. 請簡要說明 von Bertalanffy 成長方程式。

3. 何謂密度依存（density-dependent）與密度獨立（density-independent）要素？其與族群調節又有何關聯？

4. 請簡要說明生物量的生產機制。

5. 何謂持續生產量？及最大持續生產量？請以 Graham 所提的概念來加以說明。

6. 何謂加入量？又有關影響族群加入量變動機制的主要假說有哪些？請簡要說明之。

7. 成長與死亡被認為是與族群加入量變動攸關的 vital rates，請簡要說明其意義。

8. 你認為海洋動物族群的變動主要是受到環境因子，還是人為漁撈壓力，或是兩者共同的影響？請說明你的看法。

9. 請舉例說明所謂的領域變遷（regime shift）與海洋族群變動之關聯；在資源管

理上你認為我們應該要如何面對？請簡要說明你的看法。

參考文獻

龔國慶，2002，海洋基礎生產力的重要性，科學月刊，第 33 期，第 137-142 頁。

Baranov, T. I., 1918, *On the question of the biological basis of fisheries*, Nauchni issledovatelskii, ikhtioloicheski Institut Isvesti (in Russian), 1: 81-128.

Beverton, R. J. H., Holt, S. J., 1957, *On the dynamics of exploited fish populations*, Fisheries Investigation Series II, Vol. 19, Ministry of Agriculture, Fisheries and Food, London, pp. 533.

Bailey, K. M., Houde, E. D., 1989, *Predation on eggs and larvae of marine fishes and the recruitment problem*, Advance in Marine Biology 25: 1-83.

Butler, J. L., 1989, *Growth during the larval and juvenile stages of the northern anchovy*, Engraulis mordax, in the California current during 1980-1984, Fishery Bulletin, U.S. 87: 645-652.

Bohnsack, J. A., 1990, *The potential of marine fishery reserves for reef fish management in the U. S. southern Atlantic*, pp. 1-40.

Beamish, R. J., Bouillon, D. R., 1993, *Pacific salmon production trends in relation to climate*, Canadian Journal of Fisheries and Aquatic Sciences 50: 1002-1016.

Butler, J. L., Smith, P. E., Lo, N.C. H., 1993, *The effect of natural variability of life-history parameters on anchovy and sardine population growth*, Carlifornia Cooperative Oceanic Fisheries Investigations Report 34: 104-111.

Beamish, R. J., Noakes, D. J., McFarlane, G. A., Klyashtorin, L., Ivanov, V. V. a., Kurashov, V., 1999, *The regime concept and natural trends in the production of Pacific salmon*, Canadian Journal of Fisheries and Aquatic Sciences 56: 516-526.

Breitburg, D. L., Rose, K. A., Cowan Jr., J. H., 1999, *Linking water quality to survival of larval fishes: predation mortality of fish larvae in an oxygen-structured water column*, Marine Ecology Progress Series 178: 39-54.

Cushing, D. H., 1975, *Marine ecology and fisheries*, Cambridge Univ, Press, Cambridge, England, 278 pp..

Cury, P., Roy, C., 1989, *Optimal environmental window and pelagic fish recruitment success in upwelling areas*, Canadian Journal of Fisheries and Aquatic Sciences 46: 670-680.

Cushing, D. H., 1996, *Towards a science of recruitment in fish populations, ecology institute*, Oldendorf/Luhe, Germany, 175 pp..

Chavez, F. P., Ryan, J., Lluch-Cota, S. E., Niquen, M., 2003, *From anchovies to sardines and back: multidecadal change in the Pacific Ocean*, Science 299: 217-221.

Graham, M., 1935, *Modern theory of exploiting a fishery and application to North Sea trawling*, Journal du Conseil International pour l'Exploration de la Mer 10: 264-274.

Hjort, J., 1914, *Fluctuations in the great fisheries of northern Europe viewed in the light of the biological research*, Rapports et Procés-verbaux des Réunions Conseil Permanent International pour l'Exploration de la Mer 20 : 1-228.

Houde, E. D., 1987, *Fish early life dynamics and recruitment variability*, American Fisheries Society Symposium 2: 17-29.

Houde, E. D., Rutherford, E. S., 1993, *Recent trends in estuarine fisheries: predictions of fish production and yield*, Estuaries 16: 161-176.

Harris, P. J., Mc Govern, J. C., 1997, *Changes in the life history of red porgy Pagrus pagrus from the southeastern US*, 1972-1994, Fishery Bulletin, U. S. 95: 732-747.

Houde, E. D., 2002, *Mortality, In: Fishery Science, the unique contributions of early life stages,* Fuiman, L. A. and Werner, R. G. (Eds.), Blackwell Publishing, MA, USA, 326 pp..

Hays, G. C., Richardson, A. J. a., Robinson, C., 2005, *Climate change and marine plankton*, TRENDS in Ecology and Evolution 20: 337-344 .

Iles, T. D., Sinclair, M., 1982, *Atlantic herring: Stock discreteness and abundance*, Science 215: 627-633.

Lasker, R., 1975, *Field criteria for survival of anchovy larvae: the relation between inshore chlorophyll maximum layers and successful first feeding*, Fishery Bulletin 73: 453-462.

Lluch-Belda, D., Crawford, R. J. M., Kawasaki, T., MacCall, A. D., Parrish, R. H., Schwartzlose, R. A., Smith, P. E., 1989, *World wide fluctuations of sardine and anchovy stocks: the regime problem*, South African Journal of Marine Science 8: 195-205.

Lluch-Belda, D., Schwartzlose, R. A., Serra, R., Parrish, R., Kawasaki, T., Hedgecock, D. and Crawford, R. J. M., 1992, *Sardine and anchovy regime fluctuations of abundance in four regions of the world oceans: a workshop report,* Fisheries Oceanography 1: 339-347.

Ludwig, D., Hilborn, R., and Walters, C., 1993, *Uncertainty, resource exploitation, and conservation: lessons from history*, Science 260: 17, 36.

Leggett, W. C., Deblois, E., 1994, *Recruitment in marine fishes: is it regulated by starvation and predation in the egg and larval stages?* Netherlands Journal of Sea Research 32: 119-134.

Larkin, P. A., 1996, *Concepts and issues in marine ecosystem management*, Reviews in Fish Biology and Fisheries 6: 139-164.

Miller, T. J., Crowder, L. B., Rice, J. A. and Marschall, E. A., 1988, *Larval size and recruitment mechanisms in fishes: toward a conceptual framework*, Canadian Journal of Fisheries and Aquatic Sciences 45: 1657-1670.

Mann, K. H., 1993, *Physical oceanography, food chains, and fish stocks - a review*, ICES Journal of Marine Science 50: 105-119.

Mann, K. H., Drinkwater, K. F., 1994, *Environmental influences on fish and shellfish production in the northwest Atlantic*, Environmental Review 2: 16-32.

Myers, R. A., Pepin, P., 1994, *Recruitment variability and oceanographic stability*, Fisheries Oceanography 3: 246-255.

Nixon, S. W., 1988, *Physical energy inputs and the comparative ecology of lake and marine ecosystems*, Limnology and Oceanography 33: 1005-1025.

Parrish, R. H., Mallicoate, D. L., Klingbeil, R. A., 1986, *Age dependent fecundity, number of spawnings per year, sex ratio, and maturation stages in northern anchovy*, Engraulis mordax, Fishery Bulletin 84: 503-517.

Peterman, R. M., Bradford, M. J., Lo, N. C. H., Methot, R. D., 1988, *Contribution of early life stages to interannual variability in recruitment of northern anchovy* (Engraulis mordax), Canadian Journal of Fisheries and Aquatic Sciences 45: 8-16.

Pepin, P., 1993, *Application of empirical size-dependent models of larval fish vital rates to the study of production: accuracy and association with adult stock dynamics in a comparison among species*, Canadian Journal of Fisheries and Aquatic Sciences 50: 53-59.

Pauly, D., Christensen, V., 1995, *Primary production required to sustain global fisheries*, Nature 374: 255-257.

Pope, J. G., and, Macer, C. T., 1996, *An evaluation of the stock structure of North Sea cod, haddock, and whiting since 1920, together with a consideration of the impacts of fisheries and predation on their biomass and recruitment*, ICES Journal of Marine Science 53: 1157-1169.

Russell, E. S., 1931, *Some theoretical considerations on the overfishing problem.* Journal de Conseil International pour l'Exploration de la Mer 6: 3-20.

Ricker, W. E., 1958, *Handbook of computations for biological statistics of fish populations*, Bulletin of Fisheries Research Board of Canada 119: 300 pp..

Ryther, J. H., 1969, *Photosynthesis and fish production in the Sea*, Science 166: 72-76.

Rothschild, B. J., 1986. *Dynamics of marine fish populations*, Harvard University Press, Cambridge, MA, 277 pp..

Rothschild, B. J., Osborn, T. R., 1988, *Small-scale turbulence and plankton contact rates*, Journal of Plankton Research 10: 465-474.

Rothschild, B. J., 2000, *Fish stocks and recruitment: the past thirty years*, ICES Journal of Marine Science 57: 191-201.

Sissenwine, M. P., 1984, *Why do fish populations vary?* In: May, R. M. s (Ed.), Exploitation of marine communities, Springer Verlag, Berlin, pp. 59-94.

Sinclair, M., 1987, *Marine populations: An essay on population regulation and speciation*, University of Washington Press, Seattle, 252 pp.

Sutherland, W. J., 1990, *Evolution and fisheries*, Nature 344: 814-815.

Watanabe, Y., Zenitani, H., Kimura, R., 1995, *Population decline of the Japanese sardine Sardinops melanostictus owing to recruitment failures*, Canadian Journal of Fisheries and Aquatic Sciences 52: 1609-1616.

Wang, S. B., Cowan, J. H. J., Rose, K. A., Houde, E. D., 1997, *Individual-based-modeling of recruitment variability and biomass production of bay anchovy Anchoa mitchilli in mid-Chesapeake Bay*, Journal of Fish Biology 51(supplement A), pp. 101-120.

第五章　海洋生物資源評估的理論與應用

第一節　資源評估模式

　　任何一種海洋生物資源的開發與利用都有其發展的過程。對於一個未開發的海洋生物資源，首先必須知道如何開發，能否建立一定規模的漁業，以及規模應該有多大，潛在產量有多少？其次是如何透過管理進行資源開發，以期從海洋生物資源獲得社會利益。在這開發的過程中，必須持續對資源進行評估，以瞭解資源狀況並據以做為調整開發或管理策略的依據。

　　資源評估係針對單一系群（Unit stock）的海洋生物資源進行利用程度的衡量，並提出相對應的管理策略及未來資源的預測。有關單一系群的判定可使用以下任一方法為之，但是最好能同時利用數種方法行之。（一）形態學法；（二）生態學法；（三）標識放流法；（四）漁況法；（五）生化學、遺傳學法（劉，2003）。

海洋生物資源評估模式

　　海洋生物資源之變動必須透過資源評估模式之解析才能瞭解其資源動態，進而訂定管理之對策。常用之資源評估模式介紹如下：

Logistic 模式

　　此模式最早是應用於人口學之估計，此模式亦可被用來描述魚類資源之變動，其模式如下：

$$\frac{dB}{dt} = rB - \frac{rB^2}{B_\infty} \tag{5.1}$$

　　其中 B= 生物量，r= 族群內在成長率，B_∞= 環境包容力。

剩餘生產量模式（Surplus production model）

剩餘生產量模式是 Schaefer（1954, 1957）為解析美洲熱帶鮪類，特別是黃鰭鮪之資源變動時，所發展出來之模式。此模式以 Russel 方程式為基礎；利用 Logistic 模式描述資源自然的變動，同時加入漁獲的損失而成。其模式可表示如下：

$$\frac{dB}{dt} = rB - \frac{rB^2}{B_\infty} - qEB \tag{5.2}$$

其中 E= 漁獲努力量，q= 漁獲係數。當資源達到平衡（equilibrium）時，即 dB/dt=0，可導出最大持續生產量（MSY）及其努力量（E_{MSY}），漁獲死亡率（F_{MSY}）。

Schaefer（1954）認為漁獲量（Y）是漁獲努力量（E）及魚類生物量（B）的函數

$$\frac{dY}{dt} = f(E, B) = qEB = FB \tag{5.3}$$

而生物量的變動則可以下式來表示：

$$\frac{dB}{dt} = rB\left(1 - \frac{B}{B_\infty}\right) - \frac{dY}{dt} = rB - rB^2/B_\infty - qEB \tag{5.4}$$

其中 Y 為漁獲量，F 為漁獲死亡係數

平衡狀態之分析（Equilibrium analysis）

當資源達到平衡狀態時，即資源量不會隨著時間而變動時（$\frac{dB}{dt} = 0$），若 q、B、E 皆為常數則 (5.4) 式可寫成

$$\frac{dB}{dt} = rB - r\frac{B^2}{B_\infty} - qEB = 0 \tag{5.5}$$

平衡時之漁獲量為

$$Y_e = rB - r\frac{B^2}{B_\infty} \tag{5.6}$$

將 (5.6) 式對 B 做一次偏微分且令其等

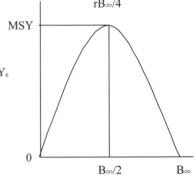

圖 5-1　平衡時漁獲量與生物量之關係

於零，則可導出達最大持續生產量（MSY）時的生物量

$$\frac{\partial Y_e}{\partial B} = r - 2r\frac{B}{B_\infty} = 0 \tag{5.7}$$

$$B_{MSY} = B_\infty / 2 \tag{5.8}$$

將 (5.8) 式代回 (5.6) 式，即可求得最大持續生產量

$$Y_e = r\left(\frac{B_\infty}{2}\right) - r\frac{B_\infty^2/4}{B_\infty} = \frac{rB_\infty}{4} = MSY \tag{5.9}$$

達最大持續生產量的漁獲死亡係數（F_{MSY}）及漁獲努力量（E_{MSY}）可分別以下式表示：

$$F_{MSY} = \frac{MSY}{B_{MSY}} = \frac{rB_\infty/4}{B_\infty/2} = \frac{r}{2} \tag{5.10}$$

$$F_{MSY} = \frac{F_{MSY}}{q} = \frac{r}{2q} \tag{5.11}$$

將 $B = \dfrac{Y_e}{qE}$ 代入 (5.6) 式可得

$$Y_e = r\left(\frac{Y_e}{qE}\right) - \frac{r}{B_\infty}\left(\frac{Y_e}{qE}\right)^2 \tag{5.12}$$

$$Y_e = Y_e\left(\frac{r}{qE} - \frac{rY_e}{B_\infty(qE)^2}\right) \tag{5.13}$$

$$\frac{rY_e}{B_\infty(qE)^2} = \frac{r}{qE} - 1 \tag{5.14}$$

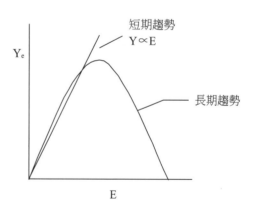

圖 5-2　平衡時之漁獲量與努力量之關係

可求平衡漁獲量與努力量的關係如下：

$$Y_e = B_\infty qE - \frac{B_\infty q^2}{r}E^2 \tag{5.15}$$

平衡漁獲量與努力量在短期是呈正相關的趨勢；但長期來看，當平衡漁獲量達到最大值之後便會減少，呈現拋物線的關係。

由生物量隨時間變化圖（圖 5-3）可看出當無漁獲壓力時，生物量維持在環境

077

包容力的水準，生物量隨著漁獲增加而減少，當生物減至環境包容力的平時，即達到平衡狀態。

$$B\left(r - \frac{r}{B_\infty}B - qE\right) = 0 \qquad (5.16)$$

$$r - qE = \frac{r}{B_\infty}B \ , \ B = B_\infty\left(\frac{r - qE}{r}\right) \qquad (5.17)$$

$$B_e = B_\infty\left(\frac{r - qE}{r}\right) \qquad (5.18)$$

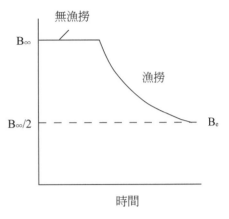

圖 5-3　生物量隨時間之變化圖

參數的估計（Estimation of the parameters：q、B_∞、r）

剩餘生產量模式參數之估計，最簡單的方法是假設資源處於平衡狀態

通常有三種方法：(1)平衡法；(2)線性法；(3)非線性法。

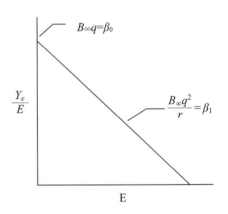

圖 5-4　平衡狀態下 CPUE 與努力量之關係圖

(1)平衡法（圖 5-4）

由上一節可知平衡漁獲量與努力量為拋物線之關係

$$Y_e = B_\infty qE - \frac{B_\infty q^2}{r}E^2 \qquad (5.19)$$

經移項後可得單位努力漁獲量（CPUE）與努力量的關係如下：

$$\frac{Y_e}{E} = B_\infty q - \frac{B_\infty q^2}{r}E \qquad (5.20)$$

假設 q 為常數，則上式可以簡單線性迴歸表示

$\hat{Y} = \hat{\beta}_0 + \hat{\beta}_1 X$　　其中 $\hat{Y} = \frac{Y_e}{E}$ ，$\hat{\beta}_0 = B_\infty q$ ，$\hat{\beta}_1 = \frac{B_\infty q^2}{r}$ ，$X = E$。以最小平方法求得 $\hat{\beta}_0$ 和 $\hat{\beta}_1$ 後即可分別算出 MSY 及 E_{MSY}：

$$MSY = \frac{-\hat{\beta}_0{}^2}{4\hat{\beta}_1} \tag{5.21}$$

$$E_{MSY} = \frac{r}{2q} = \frac{-\hat{\beta}_0}{2\hat{\beta}_1} \tag{5.22}$$

(2)線性法（linearization）

　　線性法是將（5.4）式移項後，以積分方式求解，然後將 CPUE 代入而求得參數 q、B_∞ 及 r。其計算過程如下：

$$\frac{dB}{dt} = rB - \frac{r}{B_\infty}B^2 - qEB \text{，移項後 } \frac{1}{B}\frac{dB}{dt} = r - \frac{r}{B_\infty}B - qE$$

$$\text{兩邊積分 } \int_t^{t+1}\frac{dB}{B} = \int_t^{t+1}rdt - \int_t^{t+1}\frac{r}{B_\infty}Bdt - \int_t^{t+1}qEdt$$

$$\text{得 } \ln\left(\frac{B_{t+1}}{B_t}\right) = r - \frac{r}{B_\infty}\overline{B} - q\overline{E} \text{，即 } \ln\left[\frac{(\overline{B}_t+\overline{B}_{t+2})/2}{(\overline{B}_{t-1}+\overline{B}_{t+1})/2}\right] = r - \frac{r}{B_\infty}\overline{B}_t - q\overline{E}_t$$

$$\text{以 } \overline{B}_t = \frac{1}{q}\left(\frac{Y_e}{E}\right)_t = \frac{1}{q}U_t \text{ 代入上式}$$

$$\text{可得 } \ln\left(\frac{U_t+U_{t+2}}{U_{t-1}+U_{t+1}}\right) = r - \frac{r}{qB_\infty}U_t - q\overline{E}_t$$

$$\text{即 } \hat{Y} = \hat{\beta}_0 + \hat{\beta}_1 X_1 + \hat{\beta}_2 X_2 \tag{5.23}$$

以複迴歸求得 $\hat{\beta}_0$，$\hat{\beta}_1$，$\hat{\beta}_2$ 後即可求得 r，B_∞，q。

(3)非線性法（Non-linear least squares）

　　此方法與一般線性的最小平方法類似，即是要求得當平方和最小時的參數值。但由於非線性法無法求得唯一解，因此必須先猜測起始值，然後利用反覆運算方法求取參數。

　　剩餘生產量模式除了 Schaefer（1954, 1957）所提出之理論之外，Pella and Tomlinson（1969）及 Fox（1970）也分別提出了改進之模式，使剩餘生產量模式更為完整。此外近年來亦有人提出了年齡別的剩餘生產量模式應用在鮪魚資源的解析。

Fox 模式

Fox（1970）認為 CPUE 與努力量並非真線關係而是呈指數型的關係，Schaefer 模式與 Fox 模式之比較如圖 5-5。

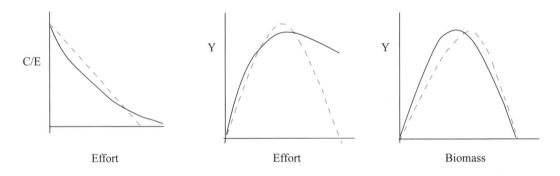

圖 5-5　Schaefer 模式與 Fox 模式之比較。實線為 Fox 模式，虛線為 Schaefer 模式

Fox 模式與 Schaefer 模式最大的不同點即有別於 Schaefer 模式使用 Logistic 曲線描述資源自然的變動，而 Fox 模式係使用 Gompertz 曲線描述資源自然變動部分。

Fox 模式如下：

$$\frac{dY}{dt} = qEB \tag{5.24}$$

$$\frac{dB}{dt} = rB(\ln B_\infty - \ln B) - qEB \tag{5.25}$$

$$Y_e = rB(\ln B_\infty - \ln B) \tag{5.26}$$

$$B_e = \frac{B_\infty}{e} \tag{5.27}$$

Pella and Tomlinson Model (1969)

Pella and Tomlinson（1969）提出了泛剩餘生產量模式（Generalized surplus production model）以改進 Schaefer（1954）模式中，Y 和 B 為對稱拋物線關係的缺點。其模式描述如下：

$$\frac{dB}{dt} = HB^m - rB - qEB \quad （其中 r、H 為常數，m 為乘冪） \tag{5.28}$$

m 值的變化會影響反曲點的位置。m=2 時即為 Schaefer 模式曲線為對稱之拋物線,當 m≦1 時類似於 Fox 模式曲線。在實際應用時,事先無法估計 m 值,必須透過套適資料,才能找到一個適當的 m 值。

最小可活存族群量(Minimum Viable Population, MVP)

以剩餘生產量模式的 MSY 應用於大西洋鬚鯨的管理時,鬚鯨的資源量仍持續下降,因此研究人員導入 MVP 的觀念,其模式如下:

$$\frac{dB}{dt} = r(B - M) - \frac{r}{B_\infty}(B - M)B - qEB \tag{5.29}$$

其中 M 為最小可活存族群量。

上述剩餘生產量模式都是在假設平衡狀態的條件下,描述平衡漁獲量與努力量之間的關係,這是假設漁撈是破壞平衡的唯一因素,環境的影響則忽略不計。所以,剩餘生產量模式不適用於時間序列短的漁獲資料,因為環境變動所造成的影響可能超過了漁撈對資源的影響,所得到的結果可能會有很大的偏差。

在生物量低於 MVP 時,生物量會隨著時間呈指數型的減少。當生物量高於 MVP 時,生物量則會隨著時間增加並趨近於環境包容力(圖 5-6)。

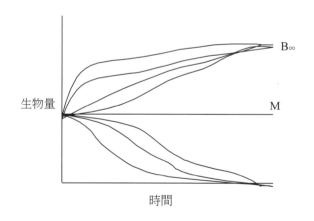

圖 5-6　加入 MVP 的剩餘生產量模式中生物量隨時間之變化圖

最大經濟生產量 MEY（Maximum Economic Yield）

　　剩餘生產量模式很容易將經濟的觀念導入模式中，Gorden（1954）即將此觀念與 Schaefer 模式結合成 Gorden- Schaefer 模式。

$$R = P*Y_e = PB_\infty qE = \frac{PB_\infty q^2}{r}E^2 \tag{5.30}$$

$$C = \alpha E \tag{5.31}$$

　　其中 R= 收益，P= 單價，C= 成本，α 為常數。

　　當收益的增加部分低於投資金額，則表示漁獲努力的過當。假設漁撈成本和漁獲努力成正比，則總漁撈成本將隨著漁獲努力的增加而呈直線增加。如果魚價固定，則總收益曲線將是單價和漁獲重量相乘的結果，且該曲線的形式會和漁獲量（重量）曲線一致。

　　若不考慮固定成本，淨利潤最高的點位於成本線和收益曲線距離最大之處，該點稱之為最大經濟生產量（Maximum economic yield, MEY）。其相對的努力量稱之為 E_{MEY}，通常 E_{MEY} 會稍低於 E_{MSY} 的水準。亦即當資源的開發達到 E_{MEY} 之後，即使再投入更多的努力，將無法再獲得更多的經濟效益。

　　E_{MEY} 則可由下式求得：

$$E_{MEY} = \frac{r}{q} - \frac{r\alpha}{PB_\infty q^2} \tag{5.32}$$

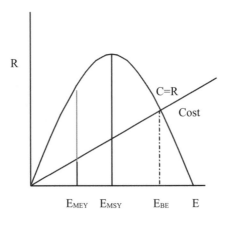

圖 5-7　最大持續經濟生產量模式中收益與努力量之關係

漁獲努力的投入應有所節制

一個漁業如果漁獲努力不加以控制，開始之際由於高的投資報酬，將會吸引很多人加入。直至損益平衡點，收入將會等於投資而無利可圖，該點的努力量稱之為損益平衡努力量（E_{BE}），已是一種投資上的浪費。

以上的剩餘生產量模式皆假設加入量為固定且未考慮時間延遲（time lag）的影響。然而許多生物因素如：生殖、加入量和環境因素如聖嬰現象等皆會造成一段時間後資源的變動。因此若將時間延遲加入模式中，則 Schaefer 的模式可改為：

$$\frac{dB}{dt} = rB_t - rB_tB_{t-1}/B_\infty - qE_tB_t \tag{5.33}$$

或

$$\frac{dB}{dt} = rB_{t-1}(1 - B_t/B_\infty) - qE_tB_t \tag{5.34}$$

上述模式顯示生物量接近環境包容力時，將隨著時間而變動（圖 5-8）

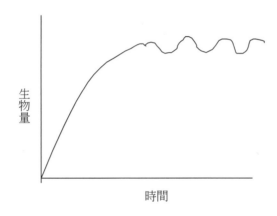

圖 5-8　包含時間延遲的剩餘生產量模式中生物量隨時間之變化圖

單位加入漁獲量模式（Yield per recruit model, YPR）

單位加入漁獲量模式又稱為動態綜合模式（Dynamic pool model）也有稱分析模式（Analytic model），已廣泛用於海洋生物資源評估。此模式是研究一個世代的個體從加入開始到最後死亡的情形。此過程中有五個重要因素即加入（recruitment），漁獲死亡（fish mortality），漁獲物體長範圍；自然死亡率（natural mortality）和個體成長（individual growth）。單位加入漁獲量模式是 Beverton and Holt（1957）研究北海底魚資源變動時所發展出來之模式，此模式較

剩餘生產量模式考慮到更多的生活史參數，較受到生物學者接受。其模式如下：

$$Y = FRW_\infty e^{-M(t_e - t_r)} \left[\frac{1}{F+M} - \frac{3e^{-k(t_c - t_0)}}{F+M+K} + \frac{3e^{-2k(t_c - t_0)}}{F+M+2K} - \frac{3e^{-3k(t_c - t_0)}}{F+M+3K} \right] \{ -e^{-(F+M+nK)(t_\lambda - t_c)} \} \quad (5.35)$$

其中 Y= 漁獲量，F= 漁獲死亡率，W_∞= 極限體重，M= 自然死亡率，t_c= 漁獲開始年齡，t_r= 加入年齡，t_0= 體長為零時之年齡，t_λ= 壽命。

單位加入漁獲量模式可利用不同 t_c 及 F 值所求得的 Y/R 的等值線圖與目前的漁獲現況來判斷資源利用的情形，並做為資源管理參考的依據。圖 5-9 顯示目前該魚種的漁獲死亡係數偏高同時漁獲開始年齡偏低，因此必須減少漁獲壓力及提高漁獲開始年齡，才能維持資源的合理利用。

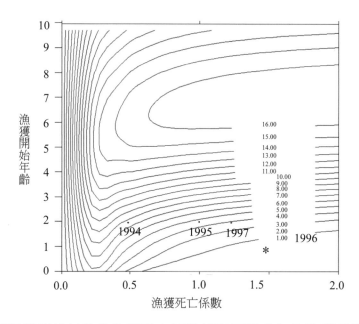

圖 5-9　不同漁獲開始年齡及漁獲死亡係數情況下單位加入漁獲量的等值線圖（＊為目前的漁業狀況）

單位加入親魚量模式（Spawning per recruit model）

單位加入親魚量模式（Spawning stock biomass per recruit）（Goodyear, 1993），公式如下：

$$SPR = \frac{\sum\limits_{t=1}^{t\max}\left(m_t \cdot W_t \cdot \prod\limits_{j=0}^{t-1} l_j\right)}{\sum\limits_{t=1}^{t\max}\left(m_t \cdot W_t \cdot \prod\limits_{j=0}^{t-1} l_j'\right)} \times 100 \qquad (5.36)$$

式中　$t_{\max}$= 雌魚最大年齡

$l_j = e^{-z_j}$：j 歲雌魚之存活率。

$l_j' = e^{-M_j}$：無漁獲壓力（F=0）時，j 歲雌魚之存活率。

W_t：t 歲雌魚的體重。

m_t：t 歲雌魚的成熟比例。

Goodyear（1993），Watanabe et al.,（2000），Sun et al.（2002）以及 Sun et al.（2005）等人皆曾使用 SPR 做為判斷對象物種資源狀況之依據。因此，可以利用不同的 SPR 值來做資源管理的參考點。一般硬骨魚通常以 SPR=25% 做為生物參考點，而軟骨魚則以 SPR=35% 當成生物參考點。

親魚加入量模式（Stock-recruitment model）

較常用的親魚與加入量關係之模式有兩個，分別為 Ricker（1954）及 Beverton and Holt（1957）所發表。Ricker（1975）認為親魚與加入量之關係曲線有下列基本特徵：

(1)曲線必須通過原點

(2)親魚數在較高水準時，曲線不會下降至橫軸上

(3)加入率（加入量／親魚量）應隨著親魚數量的增加而下降

(4)當親魚數量達到某一水準時，加入量必須超過它，否則族群數量將下降

　　Ricker（1954）的模式如下：

$$R = \alpha S e^{-\beta s} \qquad (5.37)$$

　　Beverton and Holt（1957）則假設加入量會隨著親魚量的增加而增加，並趨近於某一值，其模式如下：

$$R = \alpha S / (1 + \beta S) \qquad (5.38)$$

其中 R= 加入量，S= 親魚（產卵母魚），α 和 β 為常數。

Ricker 的模式較適合於 r 選擇之魚種，如溯河洄游的鮭魚；而 Beverton and Holt 之模式則較適合於 K 選擇之魚種，如壽命較長的底棲性魚類（圖 5-10）。

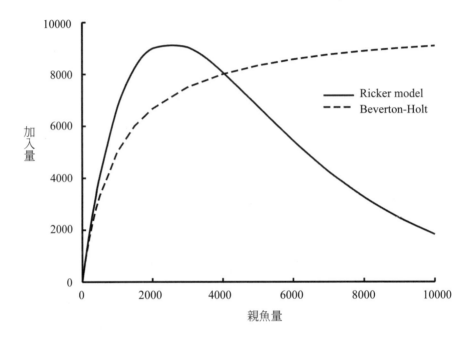

圖 5-10　加入量與親魚量之關係圖（實線為 Ricker 模式、虛線為 Beverton and Holt 模式）

年級群解析模式（Virtual population analysis）

年級群解析模式（VPA 或 Cohort analysis）利用商業捕撈的漁獲尾數去估計過去年級群的資源尾數及漁獲死亡係數。此模式是從 $N_{t+1}=N_te^{-(M+F_t)}$ 的公式所發展出來，其中 N_{t+1} 為 t+1 年的資源尾數，N_t 為 t 年資源尾數，M 為自然死亡係數（為一定值），F_t 為 t 年之漁獲死亡係數。T 年的漁獲尾數（C_t）占 t 年總死亡尾數的一部分可以以下式表示：

$$C_t = \frac{F_t}{Z}N_t(1 - e^{-M+F_t})\tag{5.39}$$

將上述兩方程式相除可得到 Gulland（1965）的方程式：

$$\frac{N_{t+1}}{C_t} = \frac{(M+F_t)e^{-(M+F_t)}}{F_t(1 - e^{-(M+F_t)})}\tag{5.40}$$

此方程式無法直接求解得到 F_t 值,但可利用電腦以反覆運算(iteration)的方式求得。年級群解析模式是利用最近一年的資料往回推,所需要輸入的資料包括固定的自然死亡係數(假設每一年齡皆相同),最大年齡的漁獲死亡係數及各年年齡別的漁獲尾數。Pope(1972)提出了近似解的公式以代替原始 VPA 公式無法直接求解的缺點,此種模式被稱為 Cohort analysis。

Cohort analysis 假設漁獲行為是發生在年中的時間點上,在 t 年此時間點之前資源數量為 $N_t e^{-\frac{M}{2}}$,當漁撈行為發生之後資源數量減少 C_t 尾,只剩下 $N_t e^{-\frac{M}{2}} - C_t$。此資源量到年終時將變成 $(N_t e^{-\frac{M}{2}} - C_t)e^{-\frac{M}{2}}$。此公式經移項之後可以下式表示:$N_t = (N_{t+1} e^{\frac{M}{2}} + C_t)e^{\frac{M}{2}}$。從 N_t 到 N_{t+1} 的活存率為 $e^{-(M+F_t)}$;所以 $F_t = -\ln(N_{t+1} / N_t) - M$。只要系群遭到嚴重的開發,VPA 或 Cohort analysis 皆能提供合理的幼魚或最近年份的死亡係數估計值。越年輕的年級群其 F 值的估計較不受輸入的 F 起始值所影響。

第二節　資源評估的實例與應用

臺灣東部海域淺海狐鮫之資源評估

　　淺海狐鮫(*Alopias pelagicus* Nakamura, 1935)屬於大型大洋性表層魚類,分佈於南北緯 40 度間之世界各大洋,主要出現於印度洋、太平洋的熱帶及亞熱帶海域(Compagno, 2001)。本種在臺灣主要分佈在東北部及東部海域(Liu et al., 1999),主要的卸魚地點在宜蘭縣南方澳漁港和臺東縣成功漁港,其中又以南方澳漁港的漁獲量較多,主要的漁獲來源為延繩釣漁業。根據蘇澳及成功區漁會 1990～2004 年之拍賣資料顯示,淺海狐鮫年漁獲尾數平均為 3,450 尾,平均年漁獲量為 223 公噸,占該地區鯊魚總漁獲重量的 11.3%。本種具有成長緩慢(k=0.1yr^{-1})、性成熟晚(8 歲)、產仔數少(一胎兩尾)、壽命長(t$_{max}$=30)等特性(Liu et al., 1999)。因此如果沒有給予適當的漁業管理,很可能因不當的漁獲壓力導致其資源量的衰竭(Holden, 1973),故探討其資源變動狀況顯得格外重要。

　　將 1989 至 2004 年在南方澳及成功漁港所拍賣的 51,748 尾淺海狐鮫體重資料,經由體重—尾前長關係式 $W=2.25\times10^{-4}\times PCL^{2.533}$(n=2,165)轉換為尾前長。再利用雌雄合併之 von Bertalanffy 成長方程式 $L_t=189.5\times[1-e^{-0.10(t+6.47)}]$(蔡,

2004）將尾前長轉為年齡。由體長頻度漁獲曲線法，估得 1989～2004 年全死亡係數（Z）介於 0.208～0.277 yr^{-1}。由 Hoenig（1983）的經驗式估得自然死亡係數（M）為 0.132 yr^{-1}，將全死亡係數（Z）減去自然死亡係數，求得各年的漁獲死亡係數介於 0.077～0.146 yr^{-1} 之間，平均為 0.113 yr^{-1}，開發率介於 0.069～0.127 之間，平均為 0.10（Liu et al., 2006）。

年齡別之資源尾數

利用年級群解析法所估得 1990～2003 年各年齡別資源尾數，顯示淺海狐鮫之資源量呈現微幅變動的趨勢，由 1990 年的 141,398 尾減少至 2000 年的 97,551 尾，而後上升至 2003 年的 153,331 尾。1990 年的年級群資源量變動情況，在 6～7 歲時資源量減少 17%，8 歲至 13 歲資源量減少 73%。1985～1988 年級群資源量變動有類似的趨勢，顯示淺海狐鮫在 8 歲至 18 歲有較高的死亡率（Liu et al., 2006）。

單位加入親魚量

單位加入親魚量最高為 1990 的 47.71%，最低為 2001 年的 23.07%，平均值為 36.4%，95% 之信賴區間為 41.8%～42.9%。根據生物參考點 SPR=35%，16 年中有 7 年低於此參考點，相對於此 7 年之漁獲量有偏高的趨勢，可看出 %SPR 的變動與該年漁獲尾數成反比（r=-0.78）（圖 5-11），顯示此系群有輕微過度利用的現象（Liu et al., 2006）。

由於本種屬於成長緩慢、成熟晚、產仔數少及壽命長之大型鮫類，容易受到過漁的威脅，因此未來仍需持續地監控才能確保淺海狐鮫資源之永續利用。

本章摘要

資源評估係針對單一系群的海洋生物資源進行利用程度的衡量，並提出相對應的管理策略及未來資源的預測。海洋生物資源之變動必須透過資源評估模式之解析才能瞭解其資源動態，進而訂定管理之對策。常用之資源評估模式有 Logistic 模式，剩餘生產量模式、單位加入漁獲量模式、單位加入親魚量模式、親魚加入量模式及年級群解析模式。剩餘生產量模式僅需輸入漁獲量及努力量資料，通常有 Schaefer（1954）、Fox（1970）及 Pella and Tomlinson（1969）三種。Schaefer（1954）的剩餘生產量模式參數之估計，最節單的方法是假設資源處於

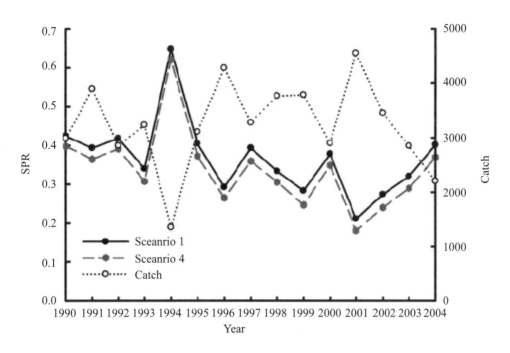

圖 5-11　1990～2004 年淺海狐鮫之 %SPR 與年漁獲尾數關係圖（實線為 %SPR、虛線為漁獲尾數）（Liu et al., 2006）

平衡狀態，通常有三種方法：(1)平衡法；(2)線性法；(3)非線性法。單位加入漁獲量模式、單位加入親魚獲模式及親魚加入量模式需要輸入較多生物學的資料如加入、漁獲死亡、漁獲物體長範圍、自然死亡率和個體成長而年級群解析模式則需輸入包括固定的自然死亡係數（假設每一年齡皆相同），最大年齡的漁獲死亡係數及各年年齡別的漁獲尾數的資料。進行資源評估時，模式的選擇應視所擁有的資料而定。

問題與討論

1. 請比較剩餘生產量模式和單位加入漁獲量模式。
2. 請解釋年級群解析法（Virtual population analysis）此模式所需輸入的資料有哪些？所得到的結果又有哪些？
3. Schaefer（1954）、Fox（1970）及 Pella and Tomlinson（1969）的剩餘生產量模式有何差異？
4. 常用的親魚加入量模式有哪兩種？有何不同？

參考文獻

劉光明，2003，《水產資源》，高職教科書，漢大印刷有限公司，120 頁。

蔡文沛，2004，臺灣東北部海域淺海狐鮫之資源評估，國立臺灣海洋大學碩士論文，111 頁。

Beverton, R. J. H., and S. J. Holt, 1957, *On the dynamics of exploited fish population*, 533 pp..

Compagno, L. J. V., 2001, FAO species catalogue, vol. 4, *Sharks of the world, an annotated and illustrated catalogue of shark species known to date*, FAO Species Catalogue for Fishery Purposes, No. 1, Vol. 2: 269 pp.

Fox, W. W., 1970, *An exponential yield model for optimizing exploited fish populations*, Trans. Am. Fish, Soc. 99: 80-88.

Gordon, H. S., 1954, *The economic theory of a common property resource: the fishery*, J. Pol, Econ. 62: 124-142.

Gulland, J. A., 1965, *Estimation of mortality rates*. Annex to Arctic Fisheries Working Group Report, ICES CM 1965, Gadoid Fish Committee Doc. 3.

Goodyear, C. P., 1989, *Spawning stock biomass per recruit in fisheries management: foundation and current use*, Can. Spec. Publ. Fish, Aquat, Sci. 120: 67-81.

Holden, M. J., 1973, *Are long-term sustainable fisheries for elasmobranchs possible?* Rapp P-V Réun Cons Perm Int Explor Mer. 164: 360-367.

Hoenig, J. M. and Gruber, S. H., 1990, *Life history patterns in the elasmobranchs: implications for fisheries management, In Elasmobranchs as living resources: advances in the biology, ecology, systematic, and the status of the fisheries* (H. L. Pratt, S. H. Gruber, T. Taniuchi, eds.), U.S. Dep. Commer, NOAA, Tech. Report NMFS 90: 1-16.

Liu, K. M., Chen, C. T., Liao, T. H. and Joung, S. J., 1999, *Age, growth and reproduction of the pelagic thresher shark, Alopias pelagicus in the northwestern Pacific*, Copeia 1999: 68-74.

Liu, K. M., Chang, Y. T., Ni, I. H. and Jin, C. B., 2006, *Spawning per recruit analysis of the pelagic thresher shark, Alopias pelagicus, in eastern Taiwan waters*, Fish. Res. 82: 56-64.

Nakamura, H., 1935, *On the two species of the thresher shark from Formosan waters*, Mem. Fac. Sci. Agric, Taihoku Imp, Univ. 14: 1-6.

Pella, J. J., Tomlinson, P. K., 1969, *A generalized stock production model*, IATTC Bull. Inter-Am. Trop, Tuna Comm. 13: 419-496.

Pope, J. G., 1972, *An investigation of the accuracy of virtual population analysis using cohort analysis*, Res. Bull. ICNAF 9: 65-74.

Ricker W. E., 1954, *Stock and recruitment*, J. Fish, Res, Board Can. 11: 559-623.

Ricker, W. E., 1975, *Computation and interpretation of biological statistics of populations*, Bull. Fish, Res. Board Can. 191: 382 pp.

Schaefer, M. B., 1954, *Some aspects of the dynamics of populations important to the management of commercial marine fisheries*, Bull. Inter-Am. Trop, Tuna Comm, Bull 1: 27-56.

Schaefer, M. B., 1957, *A study of the dynamics of the fishery for yellowfin tuna in the Eastem Tropical Pacific Ocean*, Bull. Int. Am. Trop, Tuna Comm. 2: 247-285.

Sun, C. L., Ehrhardt, N. M., Porch, C. E. and Yeh, S. Z., 2002, *Analyses of yield and spawning stock biomass per recruit for the South Atlantic albacore (Thunnus alalunga)*, Fish. Res. 56 (2): 193-204.

Sun, C. L., Wang, S. P., Porch, C. E. and Yeh, S. Z., 2005, *Sex-specific yield per recruit and spawning stock biomass per recruit for the swordfish, Xiphias gladius, in the water around Taiwan*, Fish. Res. 71(1): 61-69.

Watanabe, K., Hosho, T., Saiura, K., Okazake, T. and Matumiya, Y., 2000, *Fisheries management by spawning per recruit analysis for the threeline grunt Parapristipoma trilineatum around Mugi oshima island on the coastal area of Tokushima prefecture*, Nippon Suisan Gakkaishi 66: 690-696.

第六章 海洋生物資源管理

　　任何海洋生物資源皆為有限的，資源開發初期隨著漁獲努力量增加，漁獲量增加，漁獲率高，業者持續投資。漁獲努力增加至特定程度之後，漁獲量增加的速度減緩，單位努力漁獲量呈現下降的趨勢，當漁獲量增加至一極大值之後即呈下降趨勢。此極大值一般稱之為最大持續生產量，係針對一系群開發且能維持該資源平衡的最大漁獲量。當資源開發達最大持續生產量之際所投入的努力量稱之為平衡時的漁獲努力量，如果漁獲努力超過該水準，則資源量將會減少，進而導致漁獲量的下降。

公有資源

　　對於公有的海洋生物資源，任何一位漁民均沒有專屬的權利，資源屬於社會大眾。透過管理理論上可以獲利，如果沒有管理，可能一部分漁民為了讓漁貨的市場價格提高，因此不去漁獲小魚，但其他的漁民可能不加理會而提前去漁獲，因此導致該資源的利用無法達到最大的經濟效益。一個合理的管理措施絕非僅針對個人的利益。任何一位漁民均會為自身爭取最大的資源，通常對於保育的興趣並不大。一個未經管理的公有資源如果市場有需求量，則漁民將會不斷的投入漁獲努力，最後可能會導致經濟上、生物上的過漁。

私有資源

　　有些國家的沿近海區域被部分的傳統組織所把持管理。這些區域的魚類資源被當成私人的財產加以經營管理。這就如同農夫擁有土地及地上的資源。此一制度被認為可以解決一些商業性漁獲公有資源漁業的管理上所經常發生的問題（Keen,1991）。

漁業權及許可漁獲量

　　1983 年聯合國糧農組織（FAO）在羅馬舉行的世界漁業研討會，與會人員體認公海未管理的有限漁業資源，將因競爭而耗竭，為避免此一情形的發生，達成如下共識：官方應將漁業權明確加以定義，並確保許可漁獲量不致超過該資源的加入量。

漁獲配額

　　漁獲的分配是漁民權力的規範方法之一。採行如證照制度的內部控制方法，將漁獲權力分配給共同利用該類資源的一群漁民或團體，再透過配額來加以控制。

第一節　管理的目標及策略

傳統漁業管理的目標

　　漁業管理需兼顧經濟、社會及環境的多種層面考量。例如漁民的福利、經濟效益、分配及環保等。包括了魚類資源及環境的保育、魚類資源利用經濟效益的最大化，公有資源開發應有的付出。上述目標尚須確認資源的開發是否能維持在生態永續的基礎上。

　　管理的目標往往因漁業的形式有所不同，同時亦需要將官方政治需求加以考量。以出口為導向的商業性漁獲行為，如何獲得最大的利潤將是一個很合適的管理目標。而為了達到此一目標，在策略上應是使用數量較少的高效率船隻，進行漁撈作業。如果是一家計型的漁業，該漁業的主要目的在提供社區的食物來源，以及工作機會。此一漁業的適當管理目標，或許應是讓多數社區成員均能分享到此一資源。因此該漁業的經營將會是由許多小型且效率不高的船隻來主導。

　　海洋生物資源管理的困難點在於利用該資源的人數眾多，同時組成極其複雜，再加上該類資源分佈、移動隨時改變的特性。不同漁業針對同一資源進行開發之際將會衍生出諸多的衝突之處，特別是商業及非商業性的漁獲行為。例如同一資源在近岸棲息的近成魚（sub-adults）被休閒及家計型的漁民所漁獲利用。而外海棲息的成魚則為商業漁民所漁獲。近岸的漁獲行為將導致外海加入量的下降。外海的漁獲行為，亦將使得成熟產卵系群數量的下降，因而導致近海漁獲量下降。

休閒漁業對社會生態及經濟通常極具價值

　　有些地區，參與休閒漁業所需花費相當的高，而經營休閒漁業業者所獲得的利潤遠高過經營商業性漁獲所得。休閒漁業管理的目標或許是藉著限制漁獲數量降低收費讓更多的人來參與。然而有些經營休閒漁業的業者卻採取高收費，例如

一些拖釣旗魚的休閒漁業即是如此。休閒漁業的經營策略如上述有兩種選擇，其一是擴大參與，其二是高消費。站在政治立場來考量，擴大參與的管理策略將能獲得較多選票，因此政治的考量往往會影響管理的策略。

跨界魚種的問題

資源的分配問題亦發生在被開發對象魚種分佈在沿岸許多州或國家範圍的情形。此一狀況，資源的分配往往相當困難，因為協商的過程並不容易。根本的問題在於資源的分配及不平均，同時不同的生活史階段往往棲息水域不同。以洄游性魚種為例，牠隨著洄游逐漸成長。從科學的角度建議應該保護較小的個體，以避免成長上的過漁。但是如果該魚群只在仔魚階段會出現在某一國家的附近水域，則該國家恐怕並不會支持上述的管理措施。從較大的尺度來看，有許多高度洄游的魚種，例如鮪魚，則被許多沿岸、近海甚至遠洋漁業所漁獲利用，管理上所牽涉的範圍則極廣。

專屬經濟海域 EEZ

根據國際海洋法公約（Law of the Sea Treaty），一個臨海國家所能掌控的水域範圍，自陸地往外海延伸可達 200 浬。此一區域即稱為專屬經濟海域（Exclusive Economic Zone, EEZ）。如果相鄰國家專屬經濟海域重疊，則應透過協商方式尋求共同開發管理海洋資源，特別是針對跨界的魚種。

漁業的管理必須兼顧社會、政治、法律、經濟及生態的多方位考量，因此漁業管理的目標通常必須經過多方的協商。目標擬定之後漁業管理者負責執行，以確保資源的永續利用，同時避免經濟及生物的過漁，並進可能將開發過程對於生態系統所造成的傷害降至最低。

海洋生物資源保育管理工作有許多人參與，通常生物科學家及經濟學家亦包括在內。實際上此一情形並非理想的狀況，正如漁業管理者需要擁有政治、法律、社會各方面的常識。在研擬管理計畫過程中，最迫切需要的是讓使用該資源的漁民以及該海洋環境管理者參與。

海洋生物資源管理的主要目標

在兼顧加入量減少的年份，仍能擁有最起碼的產卵母魚數量（親魚量）情況下，儘可能使得漁獲數量（重量或收益）達到極大。此一以生態為基礎的管理目標，和經濟、社會利益以及環境的保護息息相關。上述的管理目標可透過漁獲量

的限制來獲得（output control），或是限制漁獲努力量（input control）。以下將針對業管理的主要目標進行討論。

最大持續生產量（Maximizing Sustainable Yield, MSY）

雖然以 MSY 為管理的目標仍有諸多爭議，不過在許多的漁業中仍以長期可永續漁獲量的最大化為管理的目標。以適正永續漁獲量（OSY）來取代 MSY 所面臨的衝擊會較小。OSY 的決定兼顧社會、經濟及生物等多方面的考量。因此，OSY 的彈性很大。

實際上在大部分的漁業中，MSY 並非是一個常數，因為系群量的大小係隨著各年級群加入強度的不同而異。將 MSY 定在一個平均的水平，這對於加入數量因環境的不良而下降的年份可能是太高了。為達 MSY 而針對漁獲量加以限制的另一個作法是限制漁獲努力或漁獲死亡係數，即掌握 E_{MSY} 或 F_{MSY}。

透過剩餘生產量模式雖可獲得 MSY 及 E_{MSY}，但是漁獲努力量和漁獲死亡之間的關係並非永遠呈現穩定的狀態。例如，在漁獲努力不改變的情形之下，漁撈技術的稍加改良將導致漁獲能力係數的增加，自然的漁獲死亡也將跟著增加。因此訂定漁獲死亡係數會較控制漁獲努力來得實際。目前的漁業管理者已經很少將 MSY 當成管理的唯一目標，不過 MSY 仍可以當成是一個系群開發數量上限的重要參考值。如果我們將漁獲量訂在一固定的 MSY 而沒有隨機的變動，則很可能會導致系群數量降至過低的水準。

最大經濟生產量（Maximizing Economic Yield, MEY）

在商業性漁獲行為當中，如果漁獲物主要在出口，則經濟效益的最大化將特別受到重視。在此一情形之下漁業管理將首重最大經濟效益，因此擴大參與的目標將會被犧牲。雖然降低成本是漁業管理通常的目標之一，不過極少漁民針對此仔細考量。

在剩餘生產量曲線中可以獲得收益曲線，而 MEY 的位置在收益曲線和成本曲線的最大距離之處。一個漁業維持在 MEY 的開發水準，從生物學的角度而言，其漁獲努力量通常低於最大漁獲量的水準，因此可以避免過漁的危險。漁業維持在 MEY 的水準，會讓較少數的漁民獲致較大的附加利益，部分漁民可能會放棄捕魚的權利。而資源開發所獲得的附加利益，可透過課稅、配額費、證照費來回歸給社會。

生物參考點（Biological Reference Point, BRP）

在諸多漁業中，資源管理是以總可捕漁獲量（Total Allowable Catch, TAC）為基準。而該量係架構在生物參考點例如 MSY，或是經濟參考點如 MEY 之上。MSY 參考點的估算在第五章中已經提及，但環境的改變導致系群數量的年間變動，漁獲量亦將隨之變動，此一情形可採最大平均漁獲量（maximum average yield, MAY）為參考點。如果加入量及生物量的資料已經掌握，則任一年度的 TAC 可經修正以反應該年度的加入強度。

管理的目標亦可以用限制漁獲死亡為架構，最常被使用的參考點為 $F_{0.1}$，該點為單位加入漁獲曲線起始斜率的 10% 所對應的漁獲死亡係數。由於 $F_{0.1}$ 低於 F_{MSY}，因此利用 $F_{0.1}$ 的參考點進行資源管理，一般相信可以避免加入過漁。

最小系群量的維持（Maintaining minimum stock sizes）

為確保漁獲數量的穩定，最小系群數量的維持係首要目標。在一個因漁獲壓力而下降的系群中，如果漁獲中所包含的年級群較少，則新加入年級群的數量將直接左右漁獲量。如果年間系群數量的變動不大，則較能夠善用漁撈潛能並改進漁撈設備。維持最小的系群量，將可降低因加入量改變所導致漁獲量的波動。不過這需要有較長期的漁獲資料才能加以掌握。

產卵母魚量（親魚量）的維持（Maintaining spawning stocks）

管理的目標在確保產卵系群數量不至於降至過低的水準。各漁業中漁獲量的下降通常係加入量的不足，而加入量的不足則導因於產卵母魚量的不足。在全世界的一些大規模的漁業中，例如沙丁魚以及鰊魚（herring），其資源潰滅的原因通常是加入的失敗。雖然許多魚類資源顯示產卵母魚量的下降程度容許相當的彈性，不過當降至一臨界的水準仍將導致加入失敗的命運。目前的問題在於多數種類維持系群加入量的最小產卵母魚量仍不得而知。而以往低水準的母魚數量未導致加入量減少的經驗可提供為安全產卵母魚數量的參考。

當系群面對低的產卵母魚數量時，加入能否成功則有賴母魚數量與加入量間的關係曲線形狀。某些魚種即使在沒有漁獲的情形之下，加入量的變化依然很大。同時多數種類其產卵母魚量與加入量的關係曲線依然很難決定。

生態的永續發展（Ecological Sustainable Development, ESD）

　　一個嚴格進行管理的漁業中，如果面臨漁獲量下降的情形，科學研究人員通常會建議針對維持魚類資源生存的整個生態系統進行管理，而捨棄僅針對單一個物種進行管理。保護生態系統以維護漁業有其必要性。海洋生態系統除了提供商業漁獲之外，上有許多價值，包括防止海岸的侵蝕、氣候的調解、營養的貯存以及生物多樣性的維持。在 ESD 的最高指導方針下，一個漁業的管理被視為是整個生態系統管理的一小部分。資源的管理如果不考慮捕食者及飼料生物等的環境因子，則其漁獲率下降可能並分導因於漁獲壓力，而是因為環境或棲地受到破壞，或彼此間失去了平衡所致。當一物種的棲息環境受到破壞而非過漁，如果利用傳統的漁業法規進行管理，將無法達成預期的效果。

　　海洋中可再生資源的管理，是指那些能夠通過自然作用或人工經營，而不斷再生、為人類反覆開發利用各種海洋資源的活動。如海洋生物資源、海洋動力能資源等，由於具有再生的特點，所以對它們的管理就有特定的目標、原則和方法。

　　管理的目標，總體上是維護資源的再生性，將資源開發的強度嚴格地控制在資源更新的許可範圍之內，防止因開發、利用過度而造成資源再生的非良性循環，以保持資源對象能夠為人類所永續利用。例如海洋生物資源，是海裡具有代表性的可再生資源，雖然在一般情況下不會因捕撈而衰竭；但是，在某些特定的近海海域、某些經濟性物種，可能會出現因過度捕撈而導致資源量急速下降，甚至滅絕，而失去其資源意義。像我國鄰近海域的大、小黃魚，目前正經歷著這樣的過程。為了保護可再生資源長久的利用價值，在管理上要確立其正常再生產和持續利用的目標。

　　在管理原則和方法上，除了要遵循資源管理的一般原則與方法外，特別要注重海洋生態和自然平衡原則的貫徹。作為海洋裡的生命系統，要維持其良好的狀況，並按人類的需要獲得改善，其中最根本的條件，就是要維護生態系統的健康、自然界生物與非生物環境之間和生物有機體之間的協調平衡，並保持生態系統內外彼此的物質、能量、信息的正確循環與聯繫，避免人為因素直接或間接對海洋生態系造成壓迫。

　　未來的漁業命脈在海洋生態系的保護。過漁（Over fishing）已被公認為是對海洋生態系或海洋生物多樣性造成破壞的首要人為因素。過漁，包括誤捕及不當捕撈行為，近年來已引起全球的關注。今天所謂的「海洋資源」，已經不再是傳統所謂的「最大持續生產量」或「最大經濟生產量」，而是為追求資源的永續利

用，兼顧海洋生物多樣性的漁業保育政策，如納入生態旅遊的效益，即所謂「適正永續生產量」。

　　換言之，未來的漁業行為，除了必須顧及對底棲生物，非經濟性物種、海鳥、海洋哺乳動物等其它海洋生物直接和間接的衝擊，並設法予以減輕或防止外，更重要的是要對整個海洋生態系、或當地海域的環境及所有生物，包括掠食者、被捕食者（餌料生物）、競爭者、共生者、寄生者等等，不論是目標或非目標魚種，均作整體的保護。因為海洋食物網異常複雜，營養層級多，許多海洋生物彼此間的命運緊密相連、生死與共。譬如海洋生物的屍體或廢棄物，經由碎屑食物網被消耗而再利用；魚或無脊椎動物隨年齡成長為體型大小和索餌對象不一之海洋生物。而食物網作用的種類亦異，故群聚間的交互作用頗強。所以，過漁所引起海洋生態系的改變，是根本且不可逆的變化。這也是何以今日生物多樣性的保育必須朝多種管理，並以「棲地保育」的方式來保護整個生態系，以取代傳統的單項管理或「物種保育」的主要理由。

　　全球海洋生物及漁業科學家莫不大聲呼籲：未來漁業的永續發展，惟有靠保護海洋生態系或海洋生物多樣性才是治本之道。什麼是海洋生物多樣性的保護策略？據專家之估計，全球海洋生物資源利用的上限為每年1億噸，養殖為1500～2000萬噸，因而到2010年時，尚短缺2000～2500萬噸。在此需求的壓力下，可以預期漁業對環境的衝擊，將會持續受到全球的關注。因此，為求海洋生物（漁業）資源能夠永續利用，惟有積極推動海洋生物多樣性的保護措施，整體海洋生態系的保護工作才能奏效。以下是對未來漁業永續經營的具體建議：

1. 棲地保護

　　劃設海洋保護區或成立海洋公園，是最直接而有效的方法。因為海洋生物種類繁多，習性各異，物種間的交互作用複雜，目前所知甚少，傳統的物種保育方法效果有限，也不切實際。棲地保護進行的方法包括：

(1)有系統地在我國領海範圍內進行海洋生物之普查，瞭解各種類組成、分佈、數量的時空變化；並結合 GIS 建立資料庫，經由網路，公開供國內外各界使用。

(2)爭取優先劃設下列最需要保育或復育之海域，如生物多樣性高的區域（如珊瑚礁、紅樹林、潟湖）。

(3)進行重要物種（包括瀕危、關鍵、經濟）的繁殖、孵育及棲息地的保護。

(4)目前受人為干擾最少的海域，可作為保留、對照及長期監測站。具開發潛力但卻資料欠缺的海域，如大陸棚及深海地區。

(5)訂定海域分級及不同目使用的管理辦法，嚴格執行管理與取締工作，並避免在保護區附近從事開發（含淺海養殖）行為。

(6)配合社經發展需求，完成全國海岸地區國土規劃，解決目前因海岸開發、利用，所引發之經濟與環保衝突的問題。

2. 建立海域生態監測網

結合各單位的力量，全面監測所有沿岸海域水文、水質、水理的資料（不只是沿海養殖水域），包括水溫、營養鹽、有毒物質、濁度、沉積物、海平面、海洋變化、紫外線、氣象及指標生物之資料，以確實掌握海域生態、品質及長短期變遷的趨勢，並監控污染物之不當排放，或作為偶發公害事件之補償依據。

3. 推動以生態為基礎的永續漁業經營管理

強調適正漁獲（optimum yields），而不僅是傳統的最大持續生產量（MSY），並建立預警法則（precautionary principle）的觀念，以改善目前因「過漁」與「誤捕」所造成海洋生物多樣性之破壞。具體的做法包括：

(1)切實執行國內外相關漁業管理法規及責任制漁業。

(2)減船、輔導漁民轉業或轉型，並推動娛樂漁業或生態觀光。

(3)研究改進不符保育的漁具、漁法、漁區、漁期及漁獲對象。

(4)開發利用海洋生物及其基因庫之高科技生物產業。

4. 加強宣導教育

建立全民共識，使能配合政府施政，並自我約束及共同監督管理。具體做法包括：

(1)由媒體告訴民眾，海洋生物也是野生動物，必須留給下一代。

(2)推動生態標章（Eco-labeling）計畫，要求消費者在購買水產品時，必須是不破壞資源，且符合海洋生態保育理念，不吃、不養、不釣、不捕稀有、瀕危及生態關鍵的物種。

(3)發展海洋遊憩活動，但須事先制訂各種遊憩活動的管理辦法，且需顧及環境容忍量，及要求在使用前須接受解說教育。

(4)加強本土海洋生物與生態之學校、社會教育，並鼓勵及獎勵相關之研究、訓練及教育宣導活動。

第二節　海洋生物資源管理的措施

　　基本上，資源管理的概念，均以資源生物學上之特性為基礎，而對其社會上、經濟上之意義並未深入探究。然而，漁業係一種經濟行為，而漁業管理即是想將漁業維持或接近於某一我們所預期之水準。因此，漁業管理之概念，應可說是包括了資源管理的概念。

　　資源管理的概念是以生物學為基礎的，資源的概念既然意味著經濟的概念，那麼，其社會上、經濟上之條件實也不容忽視。舉凡管理目標之設定、漁業限制之實施，當然是社會的、經濟的問題，因此資源管理和漁業管理在概念上，儘管有明確的區分，但在執行時卻不易區別。在此，我們必須注意的是資源和漁業並非一對一之對應，有時是一種漁業以好幾種資源為漁獲對象，有時，則是一種資源被幾種漁業所利用，是故，站在漁業管理的立場觀之，有些資源就難免會有欠佳的狀態產生了。

一、資源管理的原理

　　資源管理係經由漁業的限制而得以遂行，此處所言限制包含振興及獎勵的正面措施。然而資源管理的必要性仍因漁業發展到某一程度後才會被提及，因此資源管理及漁業的限制其有同樣的意義。漁業成立的要件為漁獲的強度及選擇性二要素。故漁業的限制亦可從此二方面來深思。就限制的效果而論，有降低漁獲率、保護小型魚反產卵母魚。但除了漁獲以外亦會影響資源，因此亦要注意其他的影響，又如即使不影響資源，但對環境會產生不良影響的行為亦在限制之內。

　　即使沒有確實的資源診斷，也會被要求實行資源管理，譬如某一漁業的對象資源，經濟價值很高，對此漁業而言，除了這個資源之外，別無其他資源可以代替。此外，從這個資源的特徵而言，在經營可行的範圍內，對此一資源過度利用的話，資源就有可能受到過漁的影響，因此即使資源現況不很確定，仍然需要做預防的措施。大型的海洋生物，例如鯨類、鯊魚等因為其壽命長、成長緩慢、成熟晚、子代數目少，如果有過漁的情形，則資源恢復時間很長，所以也需要進行資源管理。

　　漁業限制的具體辦法有禁漁區、禁漁期、漁具的限制、漁法限制、努力量限制、漁獲量限制、魚體大小的限制等。

二、禁漁區、禁漁期

禁漁區與禁漁期有時間及空間上的差異，但其有相同的意義，故常常併用。當魚群密度很高，或小型魚密集處或小型魚密集時期就禁止漁獲。產卵場或產卵期亦有禁漁的情形，例如在地中海 7～8 月為黑鮪的產卵期，此時即禁止漁獲，有時為了儘量保護特定的地方群，利用地方群別的分佈的差異於該群出現的海域及時間禁漁，如鮭、鱒魚即屬此。

三、漁具漁法限制、魚體大小限制

有關漁具漁法的限制，有諸如禁止隨意傷害魚體，以及禁止對環境易造成不良影響的漁具漁法，以及禁止多獲小型魚的漁貝等。而網目大小的限制如底拖網、刺網的網目限制已廣泛施行。歐洲的漁業管理即係以網目大小限制為主。

魚體大小限制有禁止捕獲抱卵的雌蟹，禁止捕獲規定體長以下的小型魚，若漁獲物有混獲到限制體長以下的魚體，就應在海中即行丟棄，同時也限制持有規定體長以下的魚體和販賣，而此一方法常與禁漁區、網目限制併行。

四、努力量限制、漁獲量限制

努力量及漁獲量的限制都是直接限制漁獲強度的方法，但實施方式就有大差異了。努力量的限制有針對船的大小，各船使用的魚、貝數量的限制。在日本以漁業的許可制度限制漁船數而成為漁業法規的一大支住。也就是說對某一資源具有很適合於某一業者，就由政府給予許可，並保證許可的長期持續性，俾使業者自己來實施資源管理。但日本漁業的實情並非如此，一方面因為漁業許可成為一種財產，要能夠配合資源變動而作彈性的漁業管理相當困難。至於漁獲量的限制，先設定許可漁獲量，並禁止超過此一漁獲量。這種方法早已廣泛實施，並且許多的國際條約、協定採用此一方式。要實施此一方式，其前提為先推算許可漁獲量，設定了漁獲量的大小，在此範圍內自由競爭。並為了不輸他船，致使漁船紛紛充實裝備，造成了過度競爭，漁期縮短，違反害了資源有效利用原則：因此近年的許可漁獲量已細分到國別、漁船別的情形很多。例如大西洋鮪類資源保育委員會（ICCAT）每年即針對黑鮪、大目鮪及劍旗魚訂定各國的漁獲配額（Quota），同時在某些國家亦有個別可轉讓配額（ITQ）的制度。

五、漁獲的問題

　　當漁獲量達到限制量之後，該魚種的漁撈行為即應停止。因此，就完全不能使用那些可能漁獲少許該限制魚種的漁具了。如此才不會造成限制魚種以外的魚種的開發，為了避免發生此事，也有將漁獲比率限制在一定限度內的：又實施體長限制的漁獲也有採同樣漁獲比率限制的情形。

國際的資源管理的歷史

　　在歐洲，一個海相鄰若干國家而互相利用此一海域的漁業資源的地方，很早前就為了資源管理而訂定了國際協定。第二次世界大戰後，隨著遠洋漁業的發展，國際問題更趨深刻和複雜，締結的國際條約急速增加。在這些條約和協定之下，各隨其實際情況而行資源管理，到了 1970 年代，遠洋漁業的作業更形增加，資源過漁的危機彌漫世界，擁有沿岸域的漁業弱小國為了維護國家利益而提出強烈主張，許多的國際漁業委員會也因各國的利害的對立，而發生了資源管理實施的困難。在當時，發展中國家所謂的資源國際化的聲浪中舉行了第三次國際海洋法會議。其中，距岸 200 浬以內的資源，沿岸國有排他性的經濟水域制度管理，此一制度獲得世界大多數國家的支持。受到歐洲及其他強大遠洋漁業的威脅的美國、加拿大的大西洋岸漁民，以及受到日本、蘇聯漁船隊大量進入的阿拉斯加的漁民都紛紛支持 200 浬的制度。美國及加拿大的議會均制定了 200 浬經濟海域，故此二國的動向，對世界的衝擊很大，蘇聯、歐盟、日本也都促成 200 浬的制定，而在海洋法會議結論前，200 浬已成世界大勢，因此在本國 200 浬經濟海域內，外國漁船就完全被排除了。入漁的條件、漁獲量配額問題就成了沿岸國與他國間協議的內容。而其必要性較之過去更為重要，又為了漁船恐有集中於 200 浬外的公海作業起見，這些資源的國際管理的必要性也更為迫切。

國際鰈魚委員會

　　漁獲配額制導入成功的例子有北美大平洋的鰈魚（halibut）漁業，此為美國及加拿大兩國締結條約而設置的委員會，此一委員會也開始進行漁獲配額制。於 1932 年開始實施，資源也確實恢復了，但由於漁船間的「先下手為強」的競爭下，解禁期縮短了，開始為 250 日，到 1950 年代近海漁場就不到一個月就解禁了。為此採取劃分漁期，將漁船分配到尚未充分利用的水域，以避免漁船的集中等措施。

國際捕鯨委員會（IWC）

鯨類資源的管理係以捕獲頭數配額制而行，但此配額數不以種別決定，而以鯨油的產量為基礎，將全部的鯨類漁獲換算成長鬚鯨的頭數，再以此長鬚鯨的頭數來決定配額量。至於鯨種別的選擇，則任由各捕鯨船決定。因此，起初捕獲努力量集中於經濟上有利的大型鯨魚，當該種過漁時就轉為集中較小型的鯨類。鯨種別的捕獲頭數配額的實施係於 1972 年開始，此後規定更為詳細，訂定了海域別的配額量，而且如抹香鯨雌雄別的數量也都決定。再者，如長鬚鯨等顯著減少的種類也一個個被禁捕。到了 1970 年保育運動高漲的同時，保護鯨類的主張也隨之高漲，因此國際捕鯨委員會的規制也更形嚴格。自 1975 年以來，以 MSY 的資源水準為準，而分為比此一水準為高的資源，以及比此為低的資源，以及 MSY 水準的資源三大類，而從資源水準低的種類開始禁止捕獲。因此，鬚鯨類如長鬚鯨、抹香鯨等也全面禁捕了。

國際的分配

國際間紛爭最大的為分配問題，乍看之下資源評估的論文很多，其實分配問題仍足其恨本問題。美、加佛瑞斯河的鮭、鱒類有關的條約規定了平等分配。1952 年締結的日美加條約以自發性的抑止為名，日本對美洲大陸系群的鮭鱒類漁獲配額定為零，有類似此介配的規定，則委員會的運作比較可行。日蘇間鮭、鱒的分配問題則常有激烈的爭執，經過長期的交涉，最後經常以政治的手段解決。捕鯨及西北大西洋的漁業，決定國別分配時係尊重過去的實績，依此方式行分配，則紛爭自然較少，但另一方面，由於新參加的漁業國的出現而又衍生出許多困難的問題。

大西洋鮪類資源保育委員會（ICCAT）

1969 年為針對其管轄水域中之鮪類資源狀態進行評估及管理藉以保護大西洋鮪類資源，成立了大西洋鮪類資源保育委員會（ICCAT）。通常在 ICCAT 召開正式委員會議（年會）之前會先行召開科學諮商會議，包括「研究與統計常設委員會」會議及其下之「鮪類資源評估工作小組」會議，探討各國之漁業狀況、漁業資料蒐集情形、評估模式之應用、評估結果之檢討，及對 ICCAT 建議案或決議案之執行成果等。各鮪類管理措施由諮商會議中合適之評估結論及管理建議來擬定。

自 1990 年起，我國於大西洋之鮪魚漁獲量超過 4 萬公噸，近幾年更高達 5～

6 萬公噸，而以長鰭鮪、大目鮪、黃鰭鮪和劍旗魚等四魚種之漁獲量為最高。近幾年來 ICCAT 相當關切長鰭鮪、大目鮪、黑鮪和劍旗魚之資源狀況，認為已有過度捕撈之情形。我國為大西洋之漁獲大國，提供漁獲資料、漁業狀況及協助評估資源狀態，並參與該會議對資源管理除了有相當重要之意義外，對本身權益的維護也有相當助益。

南方黑鮪保育委員會（CCSBT）

1993 年 5 月 10 日，澳洲、紐西蘭、日本等三國簽署了「南方黑鮪保育公約」，並於 1994 年 5 月 20 日正式成立此國際組織，即為南方黑鮪保育委員會。該會成立宗旨為「經由適當的管理，確保南方黑鮪保育與最適利用」。因此 CCSBT 有責任蒐集並保存與南方黑鮪及其生態相關系群之統計資料、科學資訊，以及有關南方黑鮪之相關法律、規章、行政措施及其他任何有關南方黑鮪之資訊。

此外，CCSBT 為保育、管理及最適利用南方黑鮪資源，每年會訂定其總容許捕獲量及各會員國之配額。在決定配額時，CCSBT 考慮以下的相關規定適度地予以調整：

1. 相關之科學證據；
2. 使南方黑鮪漁業能有秩序地永續發展；
3. 南方黑鮪洄游所經專屬經濟區或漁業區之國家的利益；
4. 所屬漁船有從事南方黑鮪漁業之會員國的利益，包括傳統從事南方黑鮪漁業者及正在發展南方黑鮪漁業者；
5. 會員國對南方黑鮪之保育、增進與對其科學研究之貢獻；
6. 委員會認為適當的其他任何因素。

目前 CCSBT 會員國只有澳洲、紐西蘭和日本等三國，但盼望從事南方黑鮪漁撈作業或南方黑鮪游經其專屬經濟區或漁業區之國家的加入。另外在該公約中有關觀察員之規定中，強調 CCSBT 可邀請任何其他國家或實體派遣觀察員參加 CCSBT 及其「科學委員會」的會議。

CCSBT 希望印尼、韓國及我國等國家的加盟，以確保南方黑鮪資源保育的有效性。韓國已於 2001 年正式加盟，我國亦於 2002 年正式加入「延伸委員會」及「延伸科學委員會」。日本和其他會員國亦特別發表聲明要求捕撈南方黑鮪之國家自行限制漁獲量、儘早加入 CCSBT 或協助實施 CCSBT 所採行之保育管理措施、及提供正確之漁獲資料等。

美洲熱帶鮪類委員會（IATTC）

美洲熱帶鮪類委員會係東太平洋熱帶海域保育及管理鮪類資源之國際性漁業管理組織，1949 年 5 月 31 日由美國與哥斯大黎加兩國簽訂成立條約，並於 1950 年 3 月 3 日正式成立並開放擬參加國家簽署加入。

IATTC 之公約管轄範圍以東太平洋水域為主，北界為北緯 45 度線，西界為西經 150 度線，從南緯 4 度起為西經 130 度線，以避開法屬玻里尼西亞大部分水域，南界為南緯 45 度線，包括北美洲、中美洲及小部分南美洲西岸外海水域。總部設在美國加州拉荷葉市（La Jolla），該會聘有專職研究人員從事鮪資源之研究及評估，管理之魚種為熱帶鮪類，即黃鰭鮪、大目鮪及正鰹，該會機能為：

1. 鮪類與對鮪類漁獲活動的影響調查。
2. 依據調查結果提出維持 MSY 所需之共同保育措施。
3. 統計資料的蒐集、運用。

近年來美洲熱帶鮪類委員會對海豚與黃緒鰭集結問題之研究投下不少心力。

國際海洋調查理事會（ICES）

為了保育及管理大西洋及其鄰接水域之水產資源，於 1902 年在丹麥成立了海洋調查國際理事會，該理事會共有 17 個國家加盟，該會之機能為：

1. 監視生物資源以及進行調查研究。
2. 制定以監視生物資源及進行調查研究為目的的計畫。
3. 把調查研究結果刊登在刊物上並予以宣導。

第三節　海洋生物資源管理本土案例

一、社區自律──東港正櫻蝦管理之實例

正櫻蝦資源之特性

正櫻蝦為壽命短的生物，約 1～2 歲即死亡。依賴橈腳類、浮游動物為生。在臺灣西南海域，正櫻蝦之漁獲集中在每年 11 月～隔年 5 月。正櫻蝦棲息水深 75～200 公尺，產卵盛期為 7～8 月，產卵約一週完成，產卵後 2～3 週死亡。棲息水域之水溫 11℃～25℃、漁獲深度 100～200 公尺範圍內之水溫為 15℃～22℃、

鹽度介於 34.5～34.7 PSU（陳，1999）。

東港正櫻蝦資源狀況

目前臺灣東港正櫻蝦漁業作業船，係傳統之單拖網船，船長 12～15 公尺，總噸位 20～35 噸，主機馬力 150～450 馬力。1982 年之作業船隻約 70～100 艘，迄 1990 年，由於拖網技術及產價之不穩定專業船隻僅剩 30～40 艘。於 1992 年起由於輔導成立產銷班後，漁船數量直線增加。1993 年為 67 艘，1994 年為 87 艘，1995 年為 97 艘，1996 年為 101 艘，1997 年為 120 艘，1998年迄目前為 123 艘。

自從以漁獲量上限實施自律管理後，正櫻蝦市場價值大幅上漲。自 1995 年起，作業船增加至 97 艘，該年之努力量增加為 11.76×10^3 網次，加上該年之月平均單位努力漁獲量均維持在高值，致使其年漁獲量達到歷年來之最高峰（2 千噸），使漁民體會到自我管理型漁業之利益。但同時亦導致漁民認為只要投入更多之努力量，漁獲量將再持續增加。

由 1996 年及 1997 年之努力量持續增加，然而單位努力漁獲量（由 1996 年之每網次 92.36 公斤降為 1997 年之每網次 40.30 公斤）及年漁獲量（由 1996 年之 1,200 噸降為 1997 年之 900 噸）卻反降之事實，顯示漁獲壓力已超過資源再生產能力。作業期間是正櫻蝦的產卵季節並且使問題更加嚴重。

陳等（2000）的研究顯示，本漁業之最適生產量為 839.34 噸，最適努力量為 5,719 網次，因此 1995 及 1996 年之漁獲量均已遠超過資源所能負荷之水準。1992 年以後，漁獲努力量持續增加，迄 1995 年已遠超過最適漁獲努力量，1997 年更高達最適漁獲努力量之 3 倍。可見，本省正櫻蝦漁業目前已有明顯之經濟性過漁現象。為未雨綢繆計，亟待重新評定自律式管理模式之實施方式。建議應透過維持市場價格並逐步降低投入努力量之方式，將作業漁船數量逐步減至 60～80 艘，及每船每日之作業網次應限制在 3 網次以內。同時，對於日漁獲量限制、總漁獲量階段性限捕及各種休漁規定等亦必須嚴格執行。另外，業者在自律式管理模式下，由於受日漁獲量及各種休漁規定之影響，必然相互激烈競爭，如此將使正櫻蝦在短暫漁期內被捕撈殆盡，及成熟正櫻蝦或稚蝦被大量捕撈，因而造成生物性過漁，以致於資源再生產力恐將遭受嚴重破壞。

因此，每逢成熟正櫻蝦（頭部呈青褐色）比例超過 30%，則必須停止捕撈一段時間。而據日本學者 Omori（1969）之研究指出，成熟正櫻蝦有群聚產卵之行為，且其產卵約需 1 週才能完成。因此，其適當禁漁期間為 7 日。同時，基於有

關資源管理之錯綜複雜及其他眾多不確定因子之考量,在資源之利用上僅以監控方式進行(如成熟正櫻蝦大量出現時禁捕等之執行),漁獲量則仍任由業者無限制捕撈。因此,今後仍需持續利用生產量模式評估臺灣正櫻蝦漁業資源之最大持續生產量及相對應之漁撈努力量,並將研究結果提供為實施臺灣正櫻蝦漁業管理策略之參考。同時就此結果及參照作業現況之特性,首先訂出一較為保守之資源管理模式,期望該模式在持續監控之下,將來能瑧盡善境界,亦期盼能依此管理模式擴展應用於我沿近海漁業的管理,促使我漁業的發展能再現生機。

東港正櫻蝦漁業對地區漁業經濟之貢獻

正櫻蝦自 1982 年起因日本人之收購,而成為東港地區拖網漁船專業捕撈之對象魚種,至今已屆二十年,而最近十年更因東港正櫻蝦生產業者組成產銷班後,形成有計畫的生產及促銷,使該漁獲物成為東港三寶之一,對地方經濟之貢獻更顯重要。近幾年來每年產值在兩億元左右(17,000 萬~25,000 萬元),占東港魚市場總產值 7~10%(吳,2001)。就單項產品而言,價值居第三位,僅次於黃鰭鮪、黑鮪。作業船隻 120 艘,作業漁民將近 500 人,該等漁民生活家計依賴此漁業有半年以上,而相關之加工業者、零售商、飲食業等均有重大的影響,對當地漁民之重要性可想而知,故此產業之永續利用是何等重要。其雖非 EEZ 之重要魚種,但確是影響地區經濟之重大產業,更有組織嚴密之產銷班已在作自主性之管理,故應可列入總量管制(TAC)之對象魚種,因此如何更精確評估該資源,尤其產卵期及成熟時產卵特性之研究至為重要。如此將有助於禁漁期及休漁期之正確明訂,使資源管理利用更為有效,而利於永續經營。

東港正櫻蝦產銷班之管理制度

東港正櫻蝦產銷班之管理特色在於規定:(1)每艘船每航次之最高漁獲量;(2)禁漁期;(3)休漁規定;(4)漁獲物進場交易;(5)超量之規定及處罰;(6)基金之來源與運用;(7)違規之處罰;(8)參加者之權利與義務;(9)幹部產生之方式及其任務;(10)退出之規定;(11)開除產銷班員資格者載入會之規定;(12)檢舉違反公約之獎勵等。綜觀其作業公約已具備有總量管制,統計卸魚量立即掌握當日之漁獲量,又有可轉讓之機制,並採取禁漁與休漁以保護產卵資源再生產之觀念及具體行動。亦即在總量管制下,對於班員之權利義務均有詳細明文規範並確實執行,這正是責任制漁業之基本原則與要求。而配合資源狀況,控制漁獲量(箱數),即為資源管理型漁業,如表 6-1 所示為東港正櫻蝦漁獲量歷年之調節情形。

表 6-1 　東港正櫻蝦漁獲量歷年之調節情形（吳，2001）

年度	上限箱數	規　　定
1992 年	無上限	契約生產
1992 年	無上限	漁獲量若已超過 50 箱，禁止再下第二次網
1994 年 11 月 17 日	上限 60 箱	超過部分納入產銷班基金
1994 年 11 月 27 日	上限 60 箱	超過部分須全部倒回大海，禁止轉送友船或私自載返港拍賣
1994 年 12 月 16 日	上限 45 箱	其中 5 箱納入產銷班基金，其餘超過部分須全部倒回大海、禁止轉送友船或私自載返港拍賣
1994 年 12 月 26 日	上限 38 箱	其中 3 箱納入產銷班基金，其餘超過部分回轉送友船或倒回大海，禁止私自載返港拍賣
1995 年	上限 38 箱	遞減式，採累計總生產量，降低漁獲量上限
1996 年	上限 38 箱	同 1995 年
1997 年	上限 32 箱	其中 2 箱納入產銷班基金，其餘超過部分可轉送友船或倒回大海，不得自行留用或場外交易
1998 年	上限 16 箱	其中 1 箱納入產銷班基金，其餘超過部分回轉送友船或倒回大海，不得自行留用或場外交易
1999 年	上限 11 箱	1 箱為基金，其餘超過部分可轉送友船或倒回大海，禁止私自載返港拍賣
2000 年	上限 12 箱	2 箱為基金，其餘超過部分可轉送友船或倒回大海，禁止私自載返港
2001 年	上限 12 箱	拍賣

　　該產銷班制度歷經十餘年之運作已非常成熟，參加者均具備強烈維持產銷秩序之共識及維持一定作業船數之認知。而 TAC 管理制度之特色即在確保資源永續利用之原則下，考量社會面及市場經濟面，及漁民生計、消費者等之需求，決定最適漁獲量，而不影響資源之再生與加入，維持生物最大容許漁獲量之下，所決定的總量管制。正櫻蝦產銷班經十餘年制度之運作後，目前雖未作努力量之限制（如漁船數、下網網次）及體長限制，但其漁獲量已離建議之 TAC 量不遠，且仍

在公告最高漁獲量之下，故該產銷制度已符合 TAC 管理制度。所以東港正櫻蝦之漁業管理即為責任制之管理制度，甚至尚有不錯之福利等其他配套措施，圖 6-2 即為東港正櫻蝦漁業 TAC 管理制度之架構與流程。

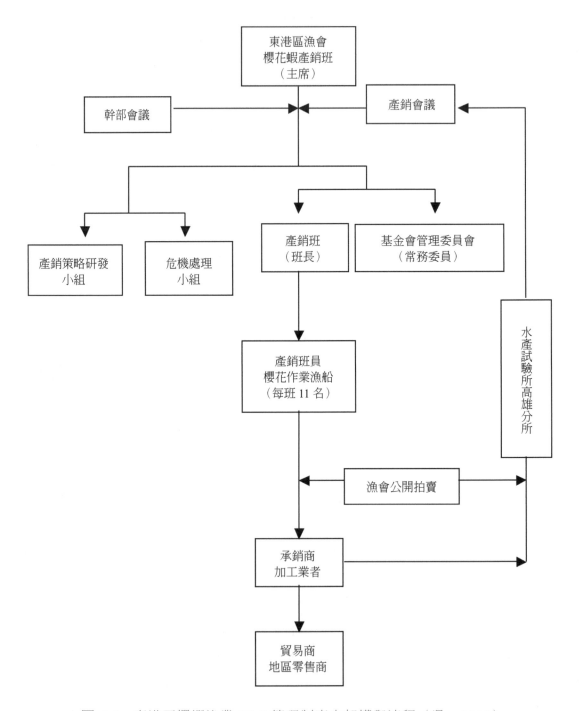

圖 6-1　東港正櫻蝦漁業 TAC 管理制度之架構與流程（吳，2001）

二、政府管理：臺灣鯨鯊資源管理之實例

圖 6-2　鯨鯊－世界最大的魚類

（莊守正提供）

鯨鯊（*Rhincodon typus*）俗稱為「豆腐鯊」，為外洋性兼出現於沿近海的種類，屬表層性，分佈於熱帶及亞熱帶水域，包括大西洋東、西兩岸，西印度洋，中太平洋及東太平洋（Compagno, 1984）。在西太平洋地區，鯨鯊經常於黑潮流域被發現，雖然目前為止有關鯨鯊大規模海域標識放流的研究仍十分有限，但一般人相信，鯨鯊應是高度洄游的種類之一，而牠的移動和浮游生物的消長、珊瑚礁的產卵及水溫的變化有極為密切的關聯。

鯨鯊漁業生物學研究

鯨鯊和表層洄游性魚群如鯖魚群的出現有直接的關係（Compagno, 1984），經由鯨鯊的胃內容物分析顯示，鯨鯊以小魚、蝦及浮游生物為主食。Joung et al.（1996）發現，鯨鯊是卵胎生的種類之一（胎仔在母體子宮中發育，而發育所需養份來自卵黃囊），其記錄一尾懷孕的鯨鯊，體重 16 公噸，體長 10.6 公尺，解剖後發現該尾鯨鯊懷有超過 300 尾的胎仔，這是板鰓魚類中（鯊魚及魟）每胎孕仔數最高的種類。儘管成熟的鯨鯊有不少被漁獲的記錄，但卻幾乎未曾發現懷孕的個體，由此可知鯨鯊應該十分的晚熟，懷孕的機會很低，極容易導致過漁。

Taylor（1994）推測，鯨鯊的成熟年齡應在 30 歲以上，體長則在九公尺以上，而根據 Joung et al.（1996）所提供即將出生的鯨鯊的體長體重資料（0.7 公斤，60 公分）來判斷，Taylor 的推斷應有幾分的可能性。鯨鯊的妊娠期目前仍不得而知，Compagno（1984）指出，鯨鯊最大可成長至 18 公尺以上，而在 1987

年的三月間，羅東漁市場曾有一尾體長大約 20 公尺體重 34 公噸的鯨鯊，據信該尾鯨鯊可能是目前為止全球所漁獲之最大者。

有關臺灣地區鯨鯊族群的資料仍十分有限，由鯨鯊被定置網所捕獲的情形大致可瞭解其於臺灣地區分佈的情形，特別是東岸沿海，而鯨鯊在臺灣一年四季均可發現且有漁獲記錄，不過主要的出現季節則在春季（4～6 月）及冬季（11～1 月）。

鯨鯊洄游路徑之研究

根據資料顯示鯨鯊隨黑潮沿著臺灣沿海往北，春天之際會到達日本南方海域，其最常出現的棲息溫度和深度範圍分別為 23～26℃、5～10 m，最深可潛至近 700 m。此外夜間鯨鯊所待的位置比較接近水面（26～28℃），日間則會洄游至較深的地方（10～12℃），其晝伏夜出的特性，似乎和許多浮游生物日週洄游的情況相仿，至於是否鯨鯊垂直移動的模式完全受到餌料生物的影響，則還須進一步驗證

漁法

在臺灣地區，鯨鯊主要由定置網及鏢刺漁業所漁獲，刺網及延繩釣捕獲鯨鯊的機會不大。定置網是一個固定的陷井網具，其主要的漁獲對象為季節性洄游魚種，包括鯖、鰹、鮪、尖梭等魚種，鯨鯊由於追逐餌料生物偶會誤入定置網而被漁獲。

鏢刺業者以矢狀或三尖叉狀的魚鏢為漁具，以旗魚為主要的漁獲對象。由於鯨鯊體型過於龐大，在過去鯨鯊經濟價值不高的時期，漁民往往基於安全起見而避免鏢獲鯨鯊。不過近年來由於市場的需求及價格的高漲，漁民均視鏢獲鯨鯊為第一要務。

總漁獲尾數與體長分佈

由 2001 年 1 月至 2005 年 10 月止，總計漁獲鯨鯊 398 尾，主要由定置網（34.4%）及鏢刺漁業（33.7%）所漁獲。如依地區而言，則以臺東（36.2%）與宜蘭地區（19.6%）漁獲最多。

另外由 1996 年 1 月到 2005 年 10 月所登錄的 431 尾鯨鯊體長資料顯示，其中以 400～550 公分體長範圍 90 尾（20.88%）的漁獲尾數最多，其次依序為 450～500 公分的 84 尾（19.49%）、500～550 公分的 71 尾（16.47%）、350～

400 公分的 46 尾（10.67%），其餘各體長範圍的漁獲尾數均不及 40 尾（莊，2006）。

就整體而言，臺灣地區歷年來漁獲鯨鯊的體長主要集中在 300～650 公分之間，該體長範圍的漁獲尾數為 395 尾占全部漁獲尾數的 91.6%，體長 650 公分以上者有 23 尾所占比例為 5.3%，其餘所占比例為 3.0%。據文獻資料的推測，鯨鯊的性成熟體長應達 8 公尺以上，檢視近四年來臺灣鯨鯊的漁獲發現，僅有 8 尾漁獲體長達 8 公尺以上，亦即成熟個體僅占全數漁獲的 1.9%，這是較值得憂心的。

鯨鯊的拍賣

當鯨鯊在各漁港上岸後，隨即過磅（太大的個體無法過磅時只能用目測），緊接著進行拍賣。臺灣地區鯨鯊的拍賣地點主要在宜蘭蘇澳、臺東成功漁港，拍賣通常並不經過漁會的正常管道，而是場外交易。通常拍賣時是整尾拍賣，由出最高價者得標。

拍賣完畢後隨即進行後續的處理，開始支解，將鰭、肉、骨骼、內臟分別處理，不過有時候整尾個體會運往外地的消費市場再進行處理。臺灣地區鯨鯊的主要處理地點集中在羅東、宜蘭及蘇澳，而該三地點均集中在宜蘭縣境。有少部分的鯨鯊在臺東成功被漁獲，則在當地進行後續的處理。

鯨鯊的銷售

在過去鯨鯊的肉質尚未被消費大眾接受之際，鯨鯊的價格極其低廉，在 1985 年以前一尾數千公斤重的鯨鯊僅能賣得臺幣 5,500～8,200 元，至 1980 年代末期，鯨鯊的價格已上升至每公斤約 190 元，目前鯨鯊的價格是所有鯊魚中最昂貴的。一尾 2000 公斤重的鯨鯊拍賣價格可達 36 萬元，而一尾 1 萬公斤較大的個體，則可賣到 190 萬元。由於鯨鯊的總價過高，因此有能力從事鯨鯊薦售的業者人數較為有限。

鯊魚的拍賣價格往往隨著季節變化及鮮度的不同而有差異，一般而言，冬季（12～2 月）是鯊魚價格最好的季節。當鯨鯊支解之後，純肉則和一般魚肉一樣，最後出現於漁港附近的海鮮店，而少部分會流入大都會地區的生鮮超市，鯨鯊純肉的價格在當地（生產地）漁市場每公斤約 400 元。

鯨鯊的利用

一尾鯨鯊經處理後大約可得 45% 的純肉，而其它部分如魚鰭、魚皮、胃、腸

仍被利用來當食物，正如其它的鯊魚種類一般，軟骨經處理後製成健康食品，所示為鯨鯊的處理過程。傳統上，在臺灣地區鯊魚身體各部位包括鰭、肉、皮、軟骨等都被利用。雖然臺灣的鯨鯊漁業近年來才逐漸發展出來，但鯨鯊肉普受歡迎且價格節節上升，致使漁民漁撈之意願強烈。雖然由臺灣鯨鯊歷年捕獲數據，顯示漁獲體型有減小的趨勢，但是目前資料尚未能就臺灣沿近海的鯨鯊族群量是否已下降作任何之結論。從過去的文獻和最近所得的生殖模式可知，本種足以引人特別的憂心和關注，就如同許多其它的鯊魚種類容易遭致過漁一樣，鯨鯊的資源和漁獲情形需要作進一步長期的追蹤調查。

漁獲回報制度

漁獲通報制度自 2001 年開始實施，當漁民捕獲鯨鯊的同時必須向當地區漁會通報，並填寫通報記錄表，記錄表內容包括漁獲體長、體重、性別、漁獲時間及漁法。經此一通報系統的統計，自 2001 年 7 月 1 日至 2002 年 6 月 30 日一年之間的總漁獲尾數為 89 尾。由於象鮫及大白鯊也相繼被列入 CITES 的附錄二名單上，自 2005 年起，亦將此兩種鯊魚加在通報記錄表上，並要求漁民填寫。

總量管制

根據漁獲通報系統所獲得的鯨鯊漁獲資料，將 2002 年 7 月至 2003 年 6 月的一年間鯨鯊漁獲上限訂為 80 尾。由於該制度目前施行狀況良好，因此主管單位漁業署宣布自 2003 年 7 月至 2004 年 12 月間的漁獲上限訂為 120 尾。而自 2005 年，鯨鯊每年的限制數量為 65 尾，2006 年則減為 60 尾，並實施體長 4 公尺以下不得捕獲之規定，2007 年再降為 30 尾，2008 年起則實施全面禁捕。

由於鯨鯊目前已經被華盛頓公約組織（CITES）列入保育名錄附錄二（Appendix II）中，因此任何鯨鯊的進口均必須取得出口國的輸出許可。臺灣也在 2005 年至 2007 年核准了 6 尾鯨鯊活體輸出美國亞特蘭大水族館。有鑑於鯨鯊是屬於保育類的物種，行政單位也草擬了「鯨鯊輸出同意書核發要點」進行管理。

生態旅遊

除了食用之外，鯨鯊也被飼養在海洋生物博物館，供觀賞及教育之用。過去國內曾經飼養之鯨鯊共計 6 尾，分別為屏東海生館 3 尾、臺東海洋生物展覽館 1 尾及澎湖箱網養殖業者飼養 2 尾，由於鯨鯊飼養問題，受到保育團體高度關切，

漁業署已公佈飼養之規範。此外，在 2005 年，臺灣政府也與學術單位共同舉辦國際鯨鯊生態旅遊研討會，並即將展開生態旅遊可行性評估。

三、政府共管

近年來，國際間環保意識抬頭，海洋生物資源保育已成為世人共同關切的課題，由於全球海洋漁業資源的開發與利用，已經達到飽和程度，如何確保漁業資源永續利用，成為我國漁業發展最重要的方向。此外，農漁產品貿易自由化已為未來的發展趨勢，我國亦應及早因應。至於國內漁業勞動人口趨於老化，及兩岸漁業問題等，都使我國的漁業生產結構面臨調整與轉型。未來在國內外漁業大環境的全球化、自由化、科技化與人本化的發展趨勢下，我國漁業勢必加強生產、運銷，建立與國內外環境等方面競爭的優勢，才能確保我國漁業的永續經營。

由於公海漁業資源的過度開發，國際海洋資源共管的趨勢形成，我國漁業必須遵守國際漁業規範，履行責任制漁業，始能獲得漁獲配額。我國在加入世界貿易組織後，預估國外水產品將因關稅大幅降低而大量進口，對國產大宗水產品造成強大的市場競爭壓力，漁業生產結構將面臨調整與轉型，必須採用高科技的生產技術，開發具有國際市場發展潛力的產業。另外，養殖漁業容易因天然災害而遭到損害，因此，保險制度也亟待建立。

未來國際海洋資源共管，有利於我國漁業的永續經營。在國際間「全球化」及「自由化」的發展趨勢下，將繼續維持我國漁業在國際間的強勢競爭力，確保我國漁業之永續經營。

四、國際共管

漁業在社會及經濟層面上是個重要的產業。根據估計，全球約有 1,250 萬人口從事與漁業相關的經濟活動。而其所創造的經濟產值，在 90 年代間約為 400 億美元；漁獲總產量包含養殖業，約有 100 百萬噸。這充分顯示了漁業在國際經濟與國家經濟上的實質貢獻。但，這同時也造成了全世界魚類中有相當多的魚種被過度捕撈，甚至面臨滅絕的危險；再加上環境生態的破壞日益嚴重，漁業的永續發展與生存，正面臨前所未有的威脅。追究其原因，主要是因為漁業具有開放進入（Open-access）的特質，使得漁業的從業者過度資本化（Overcapitalization）與過度利用（Overexploitation），而造成過漁（Over fishing）現象。針對這種漁類資源耗竭的狀況，聯合國 FAO（Food and Agriculture Organization）以及世界各主要漁業國，皆體認到應該要採取必要的漁業管理與政策，來阻止漁類資源不

斷的耗竭。於是，責任制漁業管理（Responsible fisheries management）與漁業共同管理（Fisheries co-management）的理念，在最近這幾年已成為國際漁業管理的共識。

然而，不可否認地，要建立永續、有效以及公平的漁業管理政策，絕非一蹴可幾。傳統漁業管理政策是由國家制定法律與管制規定，讓漁民取得特定漁業的財產權。換言之，國家管制魚類資源這種方法，固然可以減少地方漁業社區的漁業產能，有利於管理海岸資源，以及讓漁民能在漁業管理中扮演一定程度的角色。

這種由上而下的漁業管理制度，卻造成了政府與漁民之間利益的摩擦，使得漁業主管單位很難將管理漁業資源政策的理念與利益，和漁民做充分的溝通；而且漁民也難以將其需求告知政府相關單位。於是，近年來的漁業共同管理，就是針對上述現象加以改善，以降低漁業相關單位在制定與執行漁業管理政策上的角色分量，而在可能的範圍裡，由漁民（使用者）與漁村社區扮演較吃重的角色〔Jentoft and McCay（1995），Dubbink and van Vliet（1996），McCay and Jentoft（1996）and Abdullah et al.（1998）〕。但是，漁業共同管理制度，多少都會涉及以社區為基礎的資源管理（Community-based resource management），以及因而引起的交易成本（Transaction costs）。根據 Abdullah et al.（1998）的研究，要建立一套漁業共同管理制度至少需要 3 到 5 年的時間。基本上，由漁業共同管理所建立的漁業管理，應納入以下事項：（FAO, 1997）：

1. 制定每一漁業或漁存量的管理政策或目標。而此政策或目標必須考慮漁存量的生物特徵、現存或潛在漁類的性質、其他會影響漁存量的活動，以及對國家或地區需求和目標的潛在經濟與社會貢獻。

2. 決定和執行必要的行動，使得管理當局、漁民和其他利益團體，能夠為已認定的目標而共同努力。這些行動應該包含：建構和執行漁存量的管理計畫、確保漁存量的生態環境能處於生產性的狀態，並收集和分析為評估、偵測、控制和監督生物和漁業所需的相關資料，採用或宣導為達成管理目標所需的，適當且有效的法律及管制方法，以確保漁民能遵守相關規定，達成漁業管理目標。

3. 對漁資源使用者、利益團體、或間接對漁業活動有影響的地區從事諮詢活動或談判，以維護漁業利益。

4. 與資源使用者定期評估管理目標與措施，以確保其適當性與有效性。

5. 向政府、使用者，以及大眾報導有關漁資源狀態與管理績效。由於海洋漁業資源的共有財特性，自由進入的競爭結果，導致過度的漁撈資本與勞力、漁存量

的過度利用與耗竭，以及經濟利益的損失。因此，特定的漁業管理制度及措施是必要的。根據 Arnason（1993）所提出的漁業管理措施，可分為兩大類：(1)生物的漁業管理（bilological fisheries management），以及(2)經濟的漁業管理（Economic fisheries management）。經濟的漁業管理措施又可分為：(a)直接限制（Direct restrictions）以及(b)間接經濟管理（Indirect economic management）。

從「生物的漁業管理」的角度而言，最高的總容許捕獲量（TAC）就是典型的生物管理措施，主要的目的是用來保護漁存量。但是這種管理措施，基本上並未改變漁業經營的經濟誘因，因此，漁民競爭 TAC 配額的結果，反而增加了漁撈努力以及船隊的過度資本化。類似這種管理措施—產卵期的禁漁限制、產卵場的封閉、保護幼魚措施，以及漁撈努力量限制等，皆會產生上述的不利結果，導致負面的經濟利益。

在「經濟的漁業管理」上，最常用的直接限制是對漁撈努力以及漁撈資本投資的限制。這種措施的主要目的，是在引導漁撈努力與資本至最適當的水準，以提升經濟利益。然而，這種措施仍無法矯正業者追逐共同財的基本誘因。因為業者總會尋求其他方法迴避限制。因此，「直接漁業管理」措施不太可能產生預期而顯著的經濟利益。

而「間接的經濟漁業管理」有：(1)矯正稅（Corrective taxes）與(2)財產權（property-rights-bused）為基礎工具，如進入執照（Access licenses）與個別可轉讓配額（Individual transferable quotas, ITQs）。在理論上，課稅與個別可轉讓配額可達到漁業的經濟效率。但是，課稅在政治與社會層面上窒礙難行；而個別可轉讓配額已經應用在遠洋漁業，也獲致相當程度的成功。像這以財產權為基礎的漁業管理措施，是擬從建立漁存量的私有財產權來消除共有財的問題。由於漁業的經濟問題是缺乏財產財制度所造成的，因此，以財產權為基礎的漁業管理措施，應能掌握漁業問題的核心，維護漁業的經濟利益。就進入執照而言，持有執照者有權利參與特定漁業的漁撈活動，所以在持有者太多的情況下，仍會造成共有財的基本問題。除非持有者不多，而且也能對漁撈產能加以限制，否則，其成效可能會不彰。

近年來，FAO 針對全球海洋生物資源的過度利用提出了「漁撈能力管理國際行動計畫」，其建構歷程如下：

1. 1995 年，FAO 討論《責任制漁業行為守則》及《全球漁業羅馬共識》時，已建立了管理漁撈能力的共識。

2. 1997 年，FAO 理事會下的漁業委員會已關切到世界漁業過剩的漁撈能力，是實質造成過漁、海洋漁業資源枯竭、食物生產潛能降低、顯著經濟浪費等問題，於是要求糧農組織討論漁撈能力的相關課題。

3. 1998 年，FAO 配合「1998 國際海洋年」的活動，在美國拉荷亞主持了「漁撈能力管理技術工作會議」。此次會議的主要目的，是就漁撈能力過剩及其所造成的問題之本質，尋求各國專家的看法。尤其是各國專家對界定、計算，以及管制漁撈能力的方法等提供建議。會議成果將被用以協助起草行動計畫。

4. 1998 年 7 月，FAO 召開《討論漁撈能力管理計畫諮商會議》的籌備會議。

5. 1998 年 10 月，在羅馬召開諮商會議，討論漁撈能力的管理計畫。

6. 1999 年 2 月，漁業委員會核定《漁撈能力管理國際行動計畫》（以下簡稱行動計畫）。

7. 1999 年 11 月，FAO 在墨西哥市召開「漁撈能力的技術顧問會議」，同時徵求研究論文。其後，有多位美國、加拿大、法國及英國的學者投入研究。

8. 2000 年，《國際漁業經濟與貿易協會》於年會中針對漁撈能力設定主題討論，由多位學者提出研究論文。

9. 2004 年 6 月，FAO 召開了「檢視及全面推動漁撈能力管理國際行動計畫，與防止、嚇阻及消除非法、未報告與未受規範漁撈活動國際行動計畫之技術諮詢會議」，我漁政官員亦透過管道參與會議。

10. 2005 年 3 月，在漁業委員會第 26 屆會議中，漁撈能力之測定亦是關注重點之一。

本章摘要

　　漁業管理需兼顧經濟、社會及環境的多種層面考量。例如漁民的福利、經濟效益、分配及環保等。包括了魚類資源及環境的保育、魚類資源利用經濟效益的最大化，公有資源開發應有的付出。上述目標尚須確認資源的開發是否能維持在生態永續的基礎上。資源管理的目標若從生物的觀點，通常以不影響資源的前提下維持海洋生物生產量的最高水準，在資源學上則以 MSY（最大持續生產量）來表示。由於漁業是經濟行為，當然以追求最大利潤為目標，基於此，而有所謂 MEY（最大經濟生產量）的主張。1980 年之後由於 MSY 廣受批評而有適正永續生產量（OSY）之構想。所謂 OSY 是衡量生物、經濟、社會、政治等因素之後所

訂定的生產量。資源管理可分為限制投入及產出兩種管理方式，投入限制的具體辦法有禁漁區、禁漁期、漁具的限制、漁法限制及努力量限制、產出限制則有漁獲量限制、魚體大小的限制等。社區自律：東港正櫻蝦管理；政府管理：臺灣鯨鯊資源管理；國際共管：國際漁業管理組織 ICCAT，IATTC，IWC 等。

問題與討論

1. 海洋資源管理的目的為何？
2. 請說明並比較 MSY，MEY 和 OSY。
3. 何謂資源管理上的投入及產出限制？要達成上述的限制所使用的方法有哪些？
4. 請寫出五個區域性國際漁業管理組織並描述其功能。
5. 請概略描述臺灣本土社區自律及政府管理的實例。

參考文獻

陳守仁，1999，臺灣正櫻蝦漁業資源管理之基礎研究，國立臺灣海洋大學漁業科學學系博士論文，134 頁。

陳守仁、謝勝雄、蘇偉成，2000，臺灣正櫻蝦自律式資源管理之策略及成效，農政與農情，第 100 期，第 39-42 頁。

Abdullah, N., Kuperan, K. and Pomeroy, R. S., *Transaction costs and fisheries comanagement*, Marine Resource Economics 13: 103-114.

Compagno, L. J. V., 2001, FAO species catalogue, vol. 4. *Sharks of the world, An annotated and illustrated catalogue of shark species known to date*, FAO Species Catalogue for Fishery Purposes, No. 1. Vol. 2: 269 pp.

Dubbink, W., Vliet, M. V., 1996, *Market regulation versus co-management, two perspectives on regulating fisheries compared [J]*, Marine Policy 20(6): 499-516.

Jentoft, S. and McCay, B., 1995, *User participation in fisheries management, lessons drawn from international experiences*, Marine Policy 19(3): 227-246.

Joung, S. J., Chen, C. T., Clark, E. and Uchida, T., 1996, *The whale shark,*

Rhincodon typus, is an obligate lecithotrophic livebearer: 300 embryos found in one "megamamma" supreme, Environ. Biol. Fishes 46: 219-223.

Joung, S. J., Liao, Y. Y., Hsu, H. H., Liu, K. M., and Chen, C. T., 2004. *Utilization and management on whale shark in Taiwan area.* In: Chen, C. T., Hou, H. S., Kuo, J. M. (Eds.) Proceedings of 2004 International Conference on Marine Science and Technology. National Kaohsiung Marine University, Kaohsiung, Taiwan, pp.223-230.

Keen, P., 1991, *Shaping the future*, Boston, Harvard business school press.

McCay, B. J. and S. Jentoft., 1996, *From the bottom up: participatory issues infisheries management*, Society and Natural Resources 9: 237-250.

Omori, M., 1969, *The biology of a sergestid shrimp Sergestes lucens Hansen.* Bull., Ocean Res, Inst. Univ. Tokyo 4: 21-65.

Taylor, G., 1994, *Whale shark, The giants of Ningaloo reef*, Angus & Robertson, Sydney.

第七章 海洋物理資源

　　海洋物理的資源主要是能源的利用，海洋能源泛指儲存在海水中可利用的再生資源，透過能量間的轉換獲取吾人所需的能源，如利用海流、潮汐、波浪及溫差來發電，其中海流發電是利用動能，潮汐發電利用位能，波浪發電利用動能及位能，而海水溫差發電則是利用熱能。一般而言，海洋能源具有下列幾個特點：(1)海洋能源每單位擁有的能量小，但總蘊藏量大；(2)海洋能源的來源為太陽輻射能（如：海流、波浪及溫差）及萬有引力（如：潮汐），只要太陽、月亮等天體存在，海洋能源就不於匱乏，並具有可再生性；(3)海洋能源為清潔能源，即其對環境污染影響較小。因此海洋能源的開發與潛力深受各國重視。現就海洋物理資源，亦即海洋能源的種類與特性、調查與開發，以及利用現況作一說明，分述如下。

第一節　海洋物理資源種類與特性

海流發電

　　海流發電的原理與風力發電相似，風力發電是利用風力推動發電機葉片，而海流發電機則是利用海洋中的海流推動水輪機發電。圖 7-1 為海流發電原理示意圖，將截流涵洞的沉箱置於強勁海流流經處，並在截流涵洞內裝置水輪發電機，藉由海流的動力推動水輪機而發電。由於海流能源密度低，需要大規模的發電機具才能達到商業效益，目前尚無商用海流發電廠投入運轉。

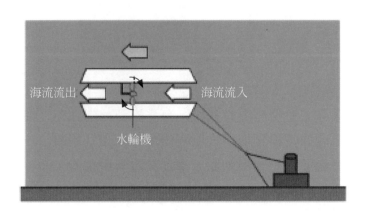

圖 7-1　海流發電原理示意圖

　　因太陽及月球等天體引力作用，使海水水位產生高低變化，此現象稱為潮汐。潮汐發電的原理是利用潮汐造成的海水水位變動時，從其位能的變化獲取電能，其發電原理近似水力發電。圖 7-2 為潮汐發電示意圖。潮汐發電廠通常設置於潮差較大的河口或海灣，設置攔水壩使其能達到攔水的功用，在壩堤適當地點設置可控制的出入水閘門，並在水閘門設置水輪發電機，當漲潮時，海水流入攔水閘門時推動水輪發電機發電，而退潮時則利用海水流出閘門發電，目前此雙向發電裝置是潮汐發電的主流。然興建潮汐發電廠雖可行，但即使在最具潮差及優良地形的條件下，其發電成本仍太高，難以和傳統發電廠的發電效益相抗衡。

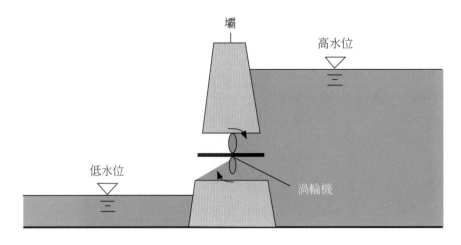

圖 7-2　潮汐發電原理示意圖

波浪發電

　　海面波浪從外海受到風力持續的吹送，當其到達岸邊時，其所蘊藏之能量相當大。波浪發電原理是將波浪的動能和位能，轉變成機械能，用以推動發電機發電。目前全球雖已有數百個專利，但實用價值並不高。目前利用波浪發電所產生的電力，較常被用來供應海上導航燈標的電源。圖 7-3 為波浪發電原理之一的示意圖。然而，波浪發電最大的缺點是其穩定性不易控制，且大浪來時，其破壞力強大，此時發電裝置極容易被破壞。

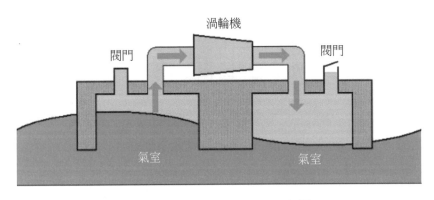

圖 7-3　波浪發電原理示意圖

溫差發電

　　溫差發電的原理是利用海洋表面較高溫的海水，將蒸發沸點低的液體蒸發，獲得蒸氣以推動渦輪發電，再由深海吸取的冷水，將蒸氣冷卻變回液體，內部形成一密閉的循環系統（梁乃匡，2004），其發電原理如圖 7-4 所示。溫差能源與波浪海流能源比較，有下列優點：(1)能源密度大；(2)較穩定，適合大規模發電；(3)有副產品，如海水淡化、海水養殖等。只要海水的表層、深層的溫差存在，此種方法也是一近乎可永久使用的能源。海洋就好像一個巨大的太陽能吸熱板，並不占用陸地空間，在熱帶及亞熱帶，海水表面溫度一年四季變化很小，日夜溫度變化也不大，因此海水表層、深層的溫差皆大於 20℃ 以上，此優勢是其他海洋再生能源所不能及（梁乃匡，1989）。

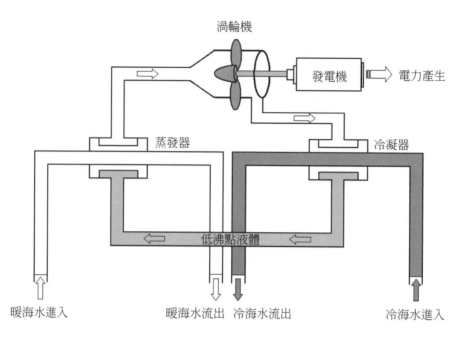

圖 7-4　溫差發電原理示意圖

第二節　海洋物理資源調查與開發

　　自從 1973 年能源危機發生後，歐美等先進國家開始積極研究如何利用非傳統能源，包括海洋能源。臺灣自 1980 年代初，也開始著手海洋能源調查與開發的評估。在經濟部的支援下，臺灣電力公司及工業研究院能源與資源研究所開始進行海洋溫差發電的發展動態及各項技術的研發及規劃，並在經濟部能源委員會的贊助下成立「國際海洋溫差發電協會」，委託工業研究院能源與資源研究所執行。

海流發電

　　海流為海洋中大規模定向的水體運動，有人形容它為海洋中的河流，流速、流向大致一定。臺灣地區可供開發海流發電應用之海流，為流經臺灣東岸的黑潮，圖 7-5 為臺灣附近的表面海流分佈。黑潮源自太平洋的北赤道流，具有高溫、流速快、流幅窄的特性。黑潮的厚度約為 700 公尺，寬度約 100 公里左右，其流速介於 0.5 公尺／秒至 1.5 公尺／秒（范光龍，2003）。在美國東岸大西洋上有一與黑潮相似的洋流稱為灣流，美國曾在灣流從事海流發電實驗，該儀器外徑 171 公尺，長 110 公尺，重量約 6 千噸，具有逆方向旋轉的 2 枚大型螺旋轉的巨大洋流發電系

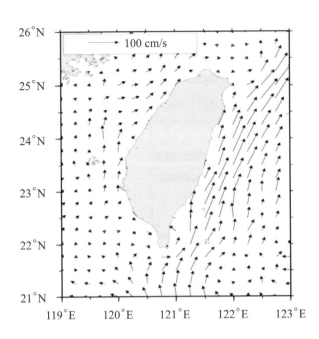

圖 7-5　臺灣周圍表面海流示意圖。臺灣東側海域，流速較快處，即為黑潮

(資料來源：國家海洋科學研究中心)

統，因此利用黑潮發電應是可行的。

潮汐發電

　　臺灣沿海的潮汐，漲潮時水流由臺灣海峽南北兩端進入臺灣海峽，在海峽中部匯集；退潮時再由海峽中部向海峽南北兩端流出，圖 7-6 為臺灣西岸平均潮差分佈的情形。由圖可知臺灣地區最大潮差發生在新竹以南、彰化以北一帶的西部海岸，平均潮差約 3.5 公尺，其他各地一般潮差均在 2 公尺以下（范光龍，2003）。此潮差與經濟性理想潮差 6～8 公尺仍有相當差距，且臺灣西部海岸大都為平直沙岸，亦缺乏可供圍築潮池的優良地形，因此並不具發展潮差發電之優良條件，僅能考慮利用現有的港灣地形開發。但對於金門及馬祖兩個離島來說，因受地形之影響，潮差約可達 5 公尺。雖然其潮差條件並非極佳，但因該兩離島的供電成本較昂貴，發展潮差發電應具較佳的經濟誘因，故臺灣的潮差發電發展方向可以金門、馬祖兩離島為優先考量，其可供開發之潛力約有一萬瓩以上（http://study.nmmba.gov.tw/）。

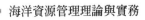

海洋資源管理理論與實務

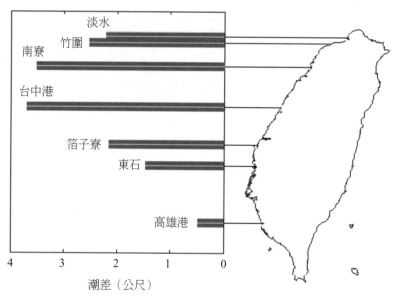

圖 7-6　臺灣西海岸潮差高度分佈

（資料來源：劉文俊，1999）

波浪發電

　　臺灣係屬海島地形，全島共擁有長達約 1,500 公里的海岸線，沿海地區由於受到強大季風的吹襲，在廣闊的海面上經常存在著洶湧的波濤，波浪能源蘊藏可說極為豐富，是一項可觀的海洋能源。根據臺灣四周沿海及各主要離島所進行的初步波能評估研究結果顯示，北部海域及離島地區較具潛力，每公尺約有 13 瓩之波能，東部及西北沿海居次，每公尺約有 7 瓩之波能，西南及南部沿海較差，每公尺約只有 3 瓩之波能，依初步估計臺灣地區波能蘊藏量約為 1 千萬瓩，可開採量約為 10 萬瓩（http://study.nmmba.gov.tw/）。

　　由於波浪的不穩定性，以致發電效率不夠顯著，且發電設備需承受海水的腐蝕、浪潮侵襲的破壞，施工及維修成本相對過高，因此限制了波浪發電的發展，致使波浪發電的系統研究開發成長趨緩。圖 7-7 為臺灣北部海岸，颱風波浪濺起之浪花，其釋放的能量相當驚人，海上設備易受到破壞。

圖 7-7　波浪傳遞至岸邊，破碎激起之浪花

（照片由國立臺灣海洋大學海洋環境資訊系蔡政翰教授提供）

溫差發電

　　各種海洋能源中，臺灣地區以海洋溫差發電潛能最大。一般而言，表面與 1 千公尺下的海水，溫度相差 20℃ 以上，才具有開發價值。臺灣東部海域地形陡峭，離岸不遠處，水深可達 800 公尺，加上高溫的黑潮經過，海洋表層與深層的水溫差異可達 20℃，適合從事海洋溫差發電，為國際公認最有開發海洋溫差發電潛力的地區之一（林劭珍，2003）。圖 7-8 為臺東外海（東經 121 度、北緯 22 度）的海水溫度隨水深的變化圖，由圖可發現海洋表層水溫平均約 28℃，而水深 600 公尺處之水溫與表層水溫已相差 20℃。工研院能源與資源研究所曾評估過，臺灣較適合進行海水溫差發電的地點有花蓮縣的和平、石梯坪、臺東縣的樟原、綠島、蘭嶼等地，但因發電成本仍然過高，有待效益提升後再開發利用。

　　由於海洋溫差能開發利用的巨大潛力，海洋溫差發電受到各國普遍重視。目前，日本、法國、比利時等國已經建成了一些海洋溫差能電站，功率從 100 瓩至 5000 瓩不等，上萬瓩的溫差發電廠也在建設之中（http://home.kimo.com.tw/wego_xin/）。

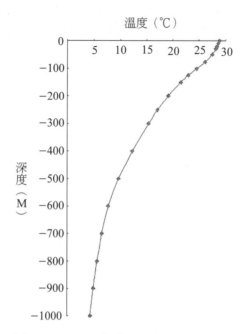

圖 7-8　東經 121 度、北緯 22 度之水溫隨深度變化圖

（資料來源：World Ocean Atlas 2005）

第三節　海洋物理資源利用現況

　　英國在 2003 年 10 月於蘇格蘭大陸最北端大約 100 公里的奧克尼（Orkney）群島上，建造完成並啟用世界上首座海洋能源試驗場，稱為「歐洲海洋能源中心」（European Marine Energy Centre）。由於奧克尼群島自然條件優越，是英國境內發展波浪能源和潮汐能源最理想的場所。在距離海岸線 2 公里，水深約 500 公尺處，那裡波浪起伏非常劇烈，但很有規律，非常適合新型設備的檢測。首先投入「歐洲海洋能源中心」進行試驗的是英國海洋電力輸送公司設計的波浪能源轉換器，該轉換器長 120 公尺，直徑 3.5 公尺，重 750 噸。該設備是一個淹沒在水中，由鉸鏈連接在一起的圓柱狀部件構成的結構。當海浪沖進管子並驅動發電機，能量被轉換，然後將能量傳到連接到海床上的電纜。埋設在海床的電纜將試驗設備與位於島上靠近海岸處的操作室位機組相連，將電能從海洋直接輸送到操作室，經過轉化後再輸往英國國家電力網，最後將電力輸送到居民家中。目前這座波浪能轉換器的輸出功率已經達到 750 瓩，為島上的一些住家提供電能。研究

人員預計，未來 15 年內將有 40 個類似的機器一起工作，相互連接在一起，組成波浪發電廠，穩定提供電源，以滿足二萬多個家庭的電力需求（http://www.emec.org.uk/）。

為實現可持續發展的能源，世界上許多國家近年對潮汐能和波浪能等可再生能源紛紛進行嘗試，海洋則是獲取這些能源的天然場所。目前世界上適於建設潮汐發電站的地方，包括：美國阿拉斯加州的庫克灣、加拿大芬地灣、英國塞文河口、阿根廷聖約瑟灣、澳大利亞達爾文范迪門灣、印度坎貝河口、俄羅斯遠東鄂霍茨克海品仁灣、韓國仁川灣等地，都在進行研究、設計建設潮汐發電站。隨著技術進步，潮汐發電成本的降低，相信 21 世紀將不斷會有大型現代潮汐發電站建成使用。

根據英國政府 2001 年公布的一份報告，蘇格蘭周圍海域的波浪能源和潮汐能源估計可產生 21.5 兆瓩的電量，這比蘇格蘭 2020 年可用的電力輸出總量還要高。近年來，英國政府提出要在 2020 年前，使其國內可再生能源需求比例達到20%。

「歐洲海洋能源中心」除了在奧克尼群島上建立波浪發電試驗場外，也正在奧克尼群島上的 Eday 島建設潮汐發電試驗場。從發展趨勢來看，海洋能源將成為沿海國家，特別是工商發達的沿海國家的重要能源之一。「歐洲海洋能源中心」的建立是「可再生能源業」的一次重要嘗試，也為這個新興產業發展開了一條大路。

第四節　案例

各種海洋能源的蘊藏量是非常巨大，沿海各國，特別是經濟強國如美國、俄羅斯、日本、法國、英國等國都非常重視海洋能的開發。這些海洋能源至今沒被廣泛利用的原因主要有二：第一、經濟效益差，成本高；第二、某些技術問題仍待克服。不少國家一方面研究解決這些問題，另一面則規劃海洋能源的利用，因此國際上海洋能發電廠大多侷限於示範型電廠。美國於 1979 年在夏威夷群島外海，由洛克希德公司建造一座 50 瓩發電量的迷你海洋溫差發電（Mini-OTEC）船，進行發電實驗，結果相當成功。1980 年美國能源部正式建造發電量是 1 千瓩OTEC-1 的海洋溫差發電實驗廠（蘇達貞、鍾珍，2004）。雖如此，西太平洋諾魯共和國曾委託日本，建設在陸上的溫差發電廠，已於西元 1982 年中完成並正式

運轉，供給小學電力，為世界首次海洋溫差發電民生化。

世界上第一座具有實用價值的潮汐發電站是 1968 年建於法國聖馬洛灣蘭斯（La Rance）河口，該河口最大潮差 13.4 公尺，平均潮差 8 公尺。有一道 750 公尺長的大壩橫跨於河上，壩上可通行車輛，壩下設置船閘、泄水閘和發電機房。該潮汐發電站的機房中安裝有 24 臺雙向渦輪發電機，漲、落潮都能發電。總裝機容量 24 萬瓩，年發電量 5 億多度。

1968 年，前蘇聯在其北方摩爾曼斯克附近的基斯拉雅灣建成了一座 800 瓩的試驗潮汐發電站。1980 年，加拿大在芬地灣也興建了一座 2 萬瓩的試驗潮汐發電站。這些試驗發電站，是為了興建更大的實用發電廠做試驗的。到目前為止，由於，建造商業用潮汐發電廠成本仍較傳統發電為貴，因此數量不多。然而，由於潮汐能蘊藏量的巨大和潮汐發電的優點，人們還是非常重視對潮汐發電的研究和試驗。

我國目前雖尚無利用海洋能源進行發電，但曾於 1980 年進行海洋能發電之評估。專家學者曾建議我國海洋能的研發方向應先進行我國海洋能源之場址評估，再以國際合作方式開發國內海洋能源。時值油價飆高的今日，臺灣對海洋能源的開發，確實應該認真思考並善加利用。

本章摘要

海洋物理的資源主要是能源的利用，海洋能源泛指儲存在海水中可利用的再生資源，透過能量間的轉換獲取所需的能源。一般而言，海洋物理資源是利用海流、潮汐、波浪、溫差等海洋物理現象來發電，以獲取能源。其中海流發電是利用動能，潮汐發電是利用位能，波浪發電是利用動能及位能，而海水溫差發電則是利用熱能。海洋能源有下列的特點：(1)單位能量小，但總蘊藏量大；(2)海洋能源不於匱乏，並具有可再生性；(3)海洋能源為清潔能源，對環境污染影響較小。

問題與討論

1. 何謂海洋物理資源？
2. 海洋能源的特性為何？

3. 利用海洋發電的方法有哪些，其原理為何？

4. 選擇海洋溫差發電場址所需要的條件為何？

5. 波浪發電的困難處為何？

6. 臺灣西部海域潮差的分佈為何？

7. 臺灣周圍海域，何處最適合進行洋流發電？為什麼？

8. 臺灣周圍海域，何處最適合進行潮汐發電？為什麼？

9. 臺灣周圍海域，何處最適合進行溫差發電？為什麼？

10.為何海洋發電至今無法大規模商業化？

131

參考文獻

林劭珍，2003，投資未來─論我國推動海洋溫差發電研究，能源報導，31～33頁。

范光龍，2003，海洋環境概論，臺灣西書出版社，142頁。

梁乃匡，1989，海洋溫差發電的過去、現在與未來，科學月刊，第237期9月。

梁乃匡，2004，海洋的再生能源，科學研習月刊，第44卷，第5期，18～22頁。

劉文俊，1999，臺灣的潮汐，150頁。

蘇達貞、鍾珍，2004，海洋能源的魅力，科學發展，第383期，28～33頁。

第八章 海洋化學資源

第一節 海水化學性質

　　海洋化學，顧名思義就是討論與研究海中水的化學物質，海洋化學變成一門正式學門應起源於 19 世紀初。最早從事海洋化學研究工作可追溯至 16 世紀英國化學家 Robert Boyle，他描述了理想氣體的行為。1772 年，法國化學家 Antoine Lavoisier 使用蒸發與萃取技術首先分析海水中的化學成分；之後，瑞典化學家 Olaf Bergman 使用重量沉澱法分析海水中的鹽類。在 1824～1836 年期間，Gay-Lussac 使用體積滴定法分析海中水的鹽類成分，發現在世界各處大洋海水中的鹽類成分幾乎是一致的。期間，John Murray 及 Alexander Marcet 證實：世界各地的海水，其溶解性主要化學成分的相對比值是固定的，此謂之為 Marcet 定理（Libes, 1992）。

　　人類對海洋化學較有通盤性的瞭解始於 1960 年代後，全球海洋學家為探索海洋，共同合作執行了一系列大尺度或全球性的海洋研究計畫，有 The International Indian Ocean Expedition（INDEX, 1962~1965）、The Geochemistry Sections Study（GEOSECS, 1970~1980）與 The World Ocean Circulation Experiment（WOCE, 1990~2000）等計畫。由於科技進步，採樣技術的更新，以及化學分析儀器的改良，科學家對化學元素在海洋中的含量與分佈，自 1975 年代後始有較全面性的瞭解。Bruland（1983）依照元素在海洋中濃度含量的多寡，分成五大類（圖 8-1）：主要元素 I（濃度 > 50mM）；主要元素 II（濃度 0.5～50mM）；微量元素（0.5～50μM）；痕量元素 I（0.5～50nM）與痕量元素 II（<50pM）。此外，Bruland（1983）將海洋中各元素主要存在的物種、濃度範圍與分佈型態整理如表 8-1 所示。以下就表 8-1 所示介紹各類元素：

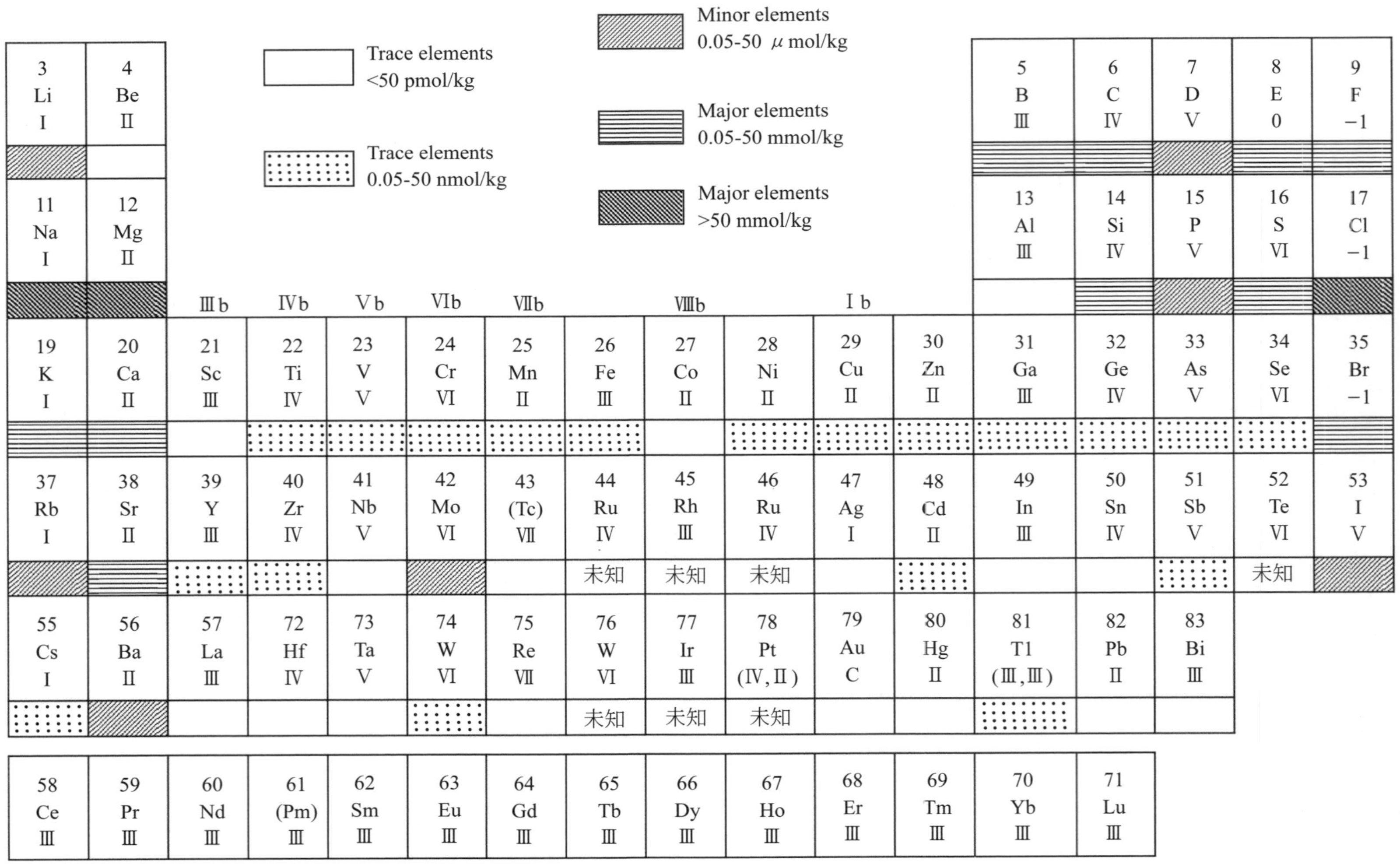

Legend:

| | Trace elements <50 pmol/kg |
| | Trace elements 0.05-50 nmol/kg |

	Minor elements 0.05-50 μmol/kg
	Major elements 0.05-50 mmol/kg
	Major elements >50 mmol/kg

圖 8-1　海水中各元素濃度範圍（Bruland, 1983）

表 8-1 　化學元素在海水中存在的主要物種、濃度範圍與分佈型態

元素	主要物種	濃度範圍與平均濃度	分佈型態
鋰	Li^+	25M	保守型
鈹	$BeOH^+$, $Be(OH)_2$	4-30 pM, 20 pM	營養鹽型
硼	$B(OH)_3$, $B(OH)_4$	0.416 mM	保守型
碳	HCO_3^-, CO_3^{2-}	2.0-2.5 mM, 2.3 mM	營養鹽型
氮	NO_3^-, (N_2)	0-45 μM	營養鹽型
氟	F^-, MgF^+, CaF^+	68 μM	保守型
鈉	Na^+	0.468 M	保守型
鎂	Mg^{2+}	53.2 mM	保守型
鋁	$Al(OH)_4^-$, $Al(OH)_3$	5-40 nM, 2 nM	Mid-depth-min.
矽	$Si(OH)_4$	0-180 μM	營養鹽型
磷	HPO_4^{2-}, $MgHPO_4$	0-3.2 μM	營養鹽型
硫	SO_4^{2-}, $NaSO_4^-$, $MgSO_4$	28.2 mM	保守型
氯	Cl^-	0.546 M	保守型
鉀	K^+	10.2 mM	保守型
鈣	Ca^{2+}	10.3 mM	保守型
鈧	$Sc(OH)_3$	8-20 pM, 15 pM	表層消失型
鈦	$Ti(OH)_4$	few pM	未知
釩	HVO_4^{2-}, $H_2VO_4^-$	20-35 nM	Surface depletion
鉻	CrO_4^{2-}	2-5 nM, 4 nM	營養鹽型
錳	Mn^{2+}	0.2-3 nM, 0.5 nM	Depletion at depth
鐵	$Fe(OH)_3$	0.1-2.5 nM, 1 nM	表層消失型
鈷	Co^{2+}, $CoCO_3$	0.01-0.1 nM, 0.02 nM	表層消失型
鎳	$NiCO_3$	2-12 nM, 8 nM	營養鹽型
銅	$CuCO_3$	0.5-6 nM, 4 nM	營養鹽型

元素	主要物種	濃度範圍與平均濃度	分佈型態
鋅	Zn^{2+}, $ZnOH^+$	0.05-9 nM, 6 nM	營養鹽型
鎵	$Ga(OH)_4^-$	5-30 pM	未知
砷	$HAsO_4^{2-}$	15-25 nM, 23 nM	營養鹽型
硒	SeO_4^{2-}, SeO_3^{2-}	0.5-2.3 nM, 1.7 nM	營養鹽型
溴	Br^-	0.84 nM	保守型
銣	Rb^+	1.4 μM	保守型
鍶	Sr^{2+}	90 μM	保守型
釔	YCO_3^+	0.15 nM	營養鹽型
鋯	$Zr(OH)_4$	0.3 nM	未知
鈮	$NbCO_3^+$	50 pM	營養鹽型
鉬	MoO_4^{2-}	0.11 μM	保守型
鎝	TcO_4^-	No stable isotope	表層消失型
釕	未知	<0.05 pM	表層消失型
銠	未知	未知	未知
鈀	未知	0.2 pM	未知
銀	$AgCl_2^-$	0.5-35 pM, 25 pM	營養鹽型
鎘	$CdCl_2^-$	0.001-1.1 nM, 0.7 nM	營養鹽型
銦	$In(OH)_3$	1 pM	未知
錫	$Sn(OH)_4$	1-12 pM, 4 pM	Surface input
銻	$Sb(OH)_6^-$	1.2 nM	未知
碲	TeO_3^{2-}, $HTeO_3^-$	未知	未知
碘	IO_3^-	0.2-0.5 μM, 0.4 μM	營養鹽型
銫	Cs^+	2.2 nM	保守型
鋇	Ba^{2+}	32-150 nM, 100 nM	營養鹽型
鑭	$LaCO_3^+$	13-37 pM, 30 pM	表層消失型

元素	主要物種	濃度範圍與平均濃度	分佈型態
鈰	$CeCO_3^+$	16-26 pM, 20 pM	表層消失型
鐠	$PrCO_3^+$	4 pM	表層消失型
釹	$NdCO_3^+$	12-25 pM, 10 pM	表層消失型
釤	$SmCO_3^+$	3-5 pM, 4 pM	表層消失型
銪	$EuCO_3^+$	0.6-1 pM, 0.9 pM	表層消失型
釓	$GdCO_3^+$	3-7 pM, 6 pM	表層消失型
鋱	$TbCO_3^+$	0.9 pM	表層消失型
鏑	$DyCO_3^+$	5-6 pM, 6 pM	表層消失型
鈥	$HoCO_3^+$	1.9 pM	表層消失型
鉺	$ErCO_3^+$	4-5 pM, 5 pM	表層消失型
銩	$TmCO_3^+$	0.8 pM	表層消失型
鐿	$YbCO_3^+$	3-5 pM, 5 pM	表層消失型
鎦	$LuCO_3^+$	0.9 pM	表層消失型
鉿	$Hf(OH)_4$	<40 pM	未知
鉭	$Ta(OH)_5$	<14 pM	未知
鎢	WO_4^{2-}	0.5 nM	保守型
錸	ReO_4^-	14-30 pM, 20 pM	保守型
鋨	未知	未知	未知
銥	未知	0.01 pM	未知
鉑	$PtCl_4^{2-}$	0.5 pM	未知
金	$AuCl_2^-$	0.1-0.2 pM	未知
汞	$HgCl_4^{2-}$	2-10 pM, 5 pM	未知
鉈	Tl, TCl	60 pM	保守型
鉛	$PbCO_3$	5-175 pM, 10 pM	表層輸入，隨深度消失型
鉍	BiO^+, $Bi(OH)_2^+$	<0.015-0.24 pM	表層消失型

（取自 Bruland, 1983）

第二節　主要元素

　　海水中主要元素 I 大於 50 mmol/kg 的有鈉、鎂與氯三種元素，而主要元素 II 濃度介於 0.05～50 mmol/kg 的計有鉀、鈣、硼、碳與硫等五個元素。此八個元素構成海水中溶解態濃度 99% 以上。海水與河水的差異，即是這些元素的含量不同。表 8-2 顯示，河水與海水中主要化學物質濃度的比較，河水中溶解態化學物質總濃度約為 100 mg/L；海水以鹽度含量千分之 35 計算，水中溶解態化學物質總濃度約為 35,000 mg/L。鹽度的概念是從溶解態化學物質含量多寡所衍生出的。

表 8-2　河水與海水中主要化學物質的濃度與各成分占總濃度百分比

化學物質	河　水		海　水	
	濃度（mg/L）	總濃度（%）	濃度（mg/L）	總濃度（%）
Na^+	5.1	5	10765	31
K^+	1.3	1	399	1
Mg^{2+}	3.3	3	1294	4
Ca^{2+}	13.4	13	412	1
Cl^-	5.7	6	19353	55
SO_4^{2-}	8.2	8	2712	8
HCO_3^-	52.0	52	142	0.4
SiO_2^{3-}	10.4	10	<0.1–>10**	—

**：因地點與深度而異
總濃度（%）：各成分占其總濃度百分比

（取自 Burton, 1988）

　　20 世紀初，海洋化學中鹽度的定義為 1 公斤海水中無機鹽類的重量。其中所有的溴化物與碘化物被同當量的氯化物取代，而所有的碳酸鹽被轉換成氧化物。由於所有海水的主要成分差異不大，而氯離子含量占相當大的比例，因此早期發現鹽度與氯度之相關性如下：

$$S ‰ = 1.8050 \ Cl ‰ + 0.03 \tag{8.1}$$

　　$Cl ‰$ 為氯度，其定義為海水中所有氯離子的重量，其中氟、溴、碘等元素離子當量被換算成同當量的氯離子（Libes, 1992）。由於式子 (8.1) 中，當 $Cl ‰$ 為 0 時，其鹽度理論值應為 0，但其有截距 0.03，因此不符合理論，國際海洋組織（Joint Panel for Oceanographic Tables and Standards）在 1969 年修改其式子為：

$$S \text{‰} = 1.80655 \, Cl \text{‰} \tag{8.2}$$

由於氯離子在海水中含量最多，而其它主要離子的含量與氯離子有一個比值，不管海水鹽度多少，海水中主要陰離子，SO_4^{2-}、CO_3^{2-} 等與 Na^+、K^+、Mg^{2+} 及 Ca^{2+} 等陽離子，與氯離子有定比值，此觀念稱為 Marcet's Principal。各大洋海水中主要元素與 Cl^- 離子濃度之比值見表 8-3。

表 8-3　世界各大洋海水中主要離子與氯離子之比值

Ocean or Sea	Na^+ ‰ Cl	Mg^{2+} ‰ Cl	K^+ ‰ Cl	Ca^{2+} ‰ Cl	Sr^{2+} ‰ Cl	SO_4^{2-} ‰ Cl	Br^- ‰ Cl
N. Atlantic	—	—	0.02026	—	—	—	0.00337-0.00341
Atlantic	0.5544-0.5567	0.0667	0.01953-0.0263	0.02122-0.02126	0.000420	0.1393	0.00325-0.0038
N. Pacific	0.5553	0.06632-0.06695	0.02096	0.02154		0.1396-0.1397	0.00348
W. Pacific	0.5497-0.5561	0.06627-0.0676	0.02125	0.02058-0.02128	0.000413-0.000420	0.1399	0.0033
Indian	—	—	—	0.02099	0.000445	0.1399	0.0038
Mediterranean	0.5310-0.5528	0.06785	0.02008	—	—	0.1396	0.0034-0.0038
Baltic	0.5536	0.06693	—	0.02156	—	0.1414	0.00316-0.00344
Black	0.55184	—	0.0210	—	—	—	—
Irish	0.5573	—	—	—	—	0.1397	0.0033
Siberian	0.5484	—	0.0211	—	—	—	—
Antarctic	—	—	—	0.02120	0.000467	—	0.00347
Tokyo Bay	—	0.0676	—	0.02130	—	0.1394	—
Barents	—	0.06742	—	0.02085	—	—	—
Arctic	—	—	—	—	0.000424	—	—
Red	—	—	—	—	—	0.1395	0.0043
Japan	—	—	—	—	—	—	0.00327-0.00347

（取自 Culkin and Cox, 1966）

由於要將海水完全蒸乾，獲得無機鹽類的重量，必須將海水完全蒸乾。此方法在分析上與準確度方面，並不容易操作。海洋因含有多量的陰陽離子，因此具有良好的導電效果。UNESCO 在 1966 年重新定義鹽度，海水中無機鹽類陰陽離子濃度與導電度呈正相關性，可寫成下列方程式（Müller, 1999）。

$$S = a_0 + a_1 K_{15}^{1/2} + a_2 K_{15} + a_3 K_{15}^{3/2} + a_4 K_{15}^2 + a_5 K_{15}^{5/2} \tag{8.3}$$

其中　　$a_0 = + 0.0080$

$a_1 = - 0.1692$

$a_2 = + 25.3851$

$a_3 = + 14.0941$

$a_4 = - 7.0261$

$a_5 = + 2.7081$

$\Sigma a_i = 35$

K_{15} 為海水水溫 15℃，1 大氣壓時海水之導電度。將 32.4356 公克氯化鉀（KCl）試藥溶於 1 公升蒸餾水中，此時 $K_{15}=1$，此鹽度定義為 35 ‰，方程式可廣泛應用於測量海水中的鹽度範圍介於 2～42。由於海中鹽度的測量係由導電度量測換算而得，不似早期的定義為海水中無機鹽類的重量。如今鹽度的定義已無重量觀念，鹽度單位寫成 psu（practical salinity unit）或無單位。

第三節　微量元素

海水中的微量元素濃度介於 0.05～50μ mol/kg，金屬元素有鋰、銣與鉬，非金屬元素有碘、氮、磷與矽等四個元素。其中較重要的有氮、磷與矽等三元素。海洋中浮游植物的生長皆需要氮與磷兩種元素；此外，海洋中矽藻植物的生長需要矽元素。因此，氮、磷、矽三元素，海洋學家將其視為營養鹽。

環境中氮的主要來源為細菌行固氮作用，將空氣中的氮氣轉換成氮化合物以提供生物能量。環境中磷、矽的主要來源為岩石礦物的風化。由於自然環境中氮、磷、矽的來源並不廣，因此它們在未遭受污染海域的濃度維持在微量（10^{-6} M）左右。水中的營養鹽不高，不會產生優養化現象。

但近一、二十年來，由於人類開墾土地、種植農作物而大量使用肥料。肥料的主要成分為氮、磷等元素；另外，家庭及工業廢水亦含有較高濃度的氮、磷元素。這些廢水排入河川，輸送至近海海域，因此常造成近海海域產生優養化現象。優養化會造成海域浮游植物生長旺盛，浮游植物生長高豐期過後開始大量死亡，有機物分解消耗水中的溶氧，導致海域缺氧而嚴重影響水質，有時甚至產生藻毒而破壞海域生態，此現象常常發生於臨近大都會區的河口海域與港口。例如香港曾於 1983 年、1988 年、1993 年、1998 年爆發大規模紅潮（red tide），其中 1998 年 3 月至 4 月間發生了有記錄以來最嚴重的紅潮，其規模和影響範圍前所未有。整個事件中共有 20 餘個泳灘須暫時封閉，養殖海魚損失達 1,500 公噸，單是海事處收集和處理死魚的費用就高達 90 萬港元。根據香港水產養殖總會估計，養魚戶在事件中損失的魚類，價值達 15 億港元（Anderson et al., 1999; Yang and Hodgkiss, 2004），所耗費經費與人力難以估計。

　　營養鹽氮、磷與矽三元素在海洋地球化學上各有其特性，以下將詳細介紹此三元素。

氮

　　海水中含有少量濃度的無機氮與有機氮化合物，它們以溶解態與懸浮態存在。溶解態無機氮的主要存在物種為硝酸根（NO_3^-, $1\sim500\mu M$）、亞硝酸根（NO_2^-, $0.1\sim50\mu M$）及氨氮（$NH_3 + NH_4^+$, $1\sim50\mu M$）。此外有更微量的氮氧化物—羥胺（hydroxylamine）及次硝酸鹽（hyponitrite）等離子。海水中的有機氮物種，主要以胺基酸（amino acid）、硝基（Amine group）、$R-NH_2$、R_2-NH 與 R_3N 為主，也包括了蛋白質（protein）與海洋生物的排泄物、尿素與尿酸等有機氮化合物（Millero, 1996）。

　　在一般開放性水中溶氧近飽和的海域，其氨氮會被氧化成亞硝酸根，亞硝酸根再被氧化成硝酸根，這種反被稱為硝化作用（nitrification），其反應如下（Riley and Chester, 1982）

$$NH_4^+ + OH^- + 1.5O_2 = H^+ + NO_2^- + 2H_2O \quad \triangle G= -59.4K \quad (8.4)$$

$$NO_2^- + 0.5O_2 = NO_3^- \quad\quad\quad\quad\quad\quad \triangle G= -18.0K \quad (8.5)$$

　　是故，海水中無機氮物種主要以硝酸根離子存在，其海水中濃度介於 $1\sim40\mu M$，而氨氮濃度大都小於 $0.1\mu M$ 以下，或低於探測下限。反之，在缺氧的海

域，硝酸根離子會被還原成亞硝酸根，再進一步還原成氨氮，此反應稱之為脫氮作用（denitrification），其反應如下

$$NO_3^- + 2H^+ + 2e \rightarrow NO_2^- + H_2O \qquad (8.6)$$

$$2NO_2^- + 4H^+ + 4e \rightarrow N_2O_2^{2-} + 2H_2O \qquad (8.7)$$

$$N2O_2^{2-} + 6H^+ + 4e \rightarrow 2NH_2OH \qquad (8.8)$$

$$NH_2OH + 2H^+ + 2e \rightarrow NH_3 + H_2O \qquad (8.9)$$

　　例如在淡水河上、中游，水中溶氧量小於 2ml/l 屬於缺氧環境，又有大量的家庭污水排入，因此，淡水河的上、中游河口海域的氨氮濃度可高達 350μM；在下游處，因有海水入侵及污水被海水稀釋的效應，水中溶氧量上升至 5.7ml/l，接近溶氧飽和；而氨氮濃度降低至探測下限以下（<0.1μM）（劉，2005）。在海域環境，尤其是沉積物環境，因其沉積速率與有機物濃度較高，在接近底層，因氧化還原環境變化較大，經由硝化、脫氮與氨化作用等等，懸浮有機氮（PON）、溶解有機氮（DON）、氨氮、亞硝酸鹽、硝酸鹽與氮氣會產生氮物種間的轉換，見圖 8-2。

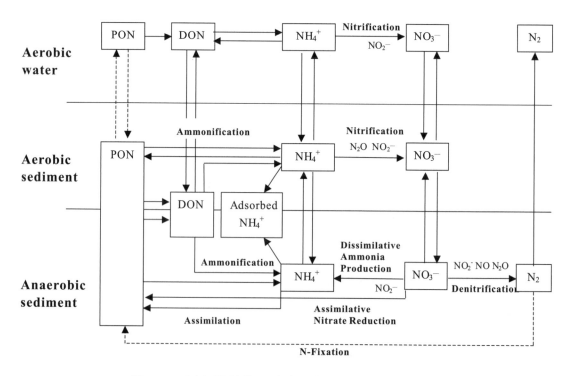

圖 8-2　氮在沉積物—水介面間之物種轉換變化

（adapted from , Kamp-Nielson and Anderson, 1977）

磷

海水中磷酸鹽（H_3PO_4）的主要來源是陸上岩石磷礦物，如磷灰石 [(apatites. $Ca_{10}(PO_4)_6)(F \cdot OH)_2$]、磷土岩（phosphorite）與磷酸鹽岩（phosphate rock）等岩石風化，經由河流輸送至海洋。由於磷礦物的溶解度低，因此河流的磷輸入總量，90% 以上係以懸浮態輸送，溶解態磷酸鹽的輸入小於總量的 10%。此外，水中磷酸鹽易被鐵、錳等氧化物吸附，因此，一般未遭受污染的河水及乾淨海域海水中的磷酸鹽濃度甚少超過 $1\mu M$；而遭受污染的河中磷酸鹽濃度可高達 $5\sim10\mu M$ 或更高。在表 8-4 中列出乾淨與污染的環境，水中磷酸鹽濃度的比較。在遭受污染的近岸海域，水中磷酸鹽濃度往往可超過背景值 $5\sim10$ 倍，造成海域優養化現象而產生紅潮，危害了海域生態。

表 8-4　乾淨與污染河水及河口水中磷酸鹽濃度

河　流	磷酸鹽 (μM)
長江 - Changjiang（中國）	0.27～0.73
亞馬遜河 - Amazon（巴西）	0.31～0.77
密西西比河 - Mississippi（美國）	3.0
哈德遜河 - Hudson（美國）	3.6
德拉瓦河 - Delaware（美國）	1.5～4.3
泰瑪河 - Tamar（英國）	0.5～1.9
隆河 - Loire（法國）	2.6
萊茵河 - Rhine（比利時）	5.1～18.8
雪德河 - Scheldt（比利時）	16.1～26.2
淡水河 - Danshui（臺灣）	0.35～5.46

海洋中磷與氮元素為基礎營養鹽。影響浮游植物生長的三大要素為光線、水溫與營養鹽濃度的多寡。在大洋中有些區域常發現磷或氮的元素濃度不足，造成浮游植物的生長受到抑制。因此，這兩種元素在海洋中常扮演限制生物生長元素（biolimiting elements），其中以磷濃度缺乏的情況居多。

海水中無機磷酸鹽 H_3PO_4，在水中會解離

$$H_3PO_4 \rightarrow H^+ + H_2PO_4^- \cdots\cdots\cdots\cdots K_1 \tag{8.10}$$

$$H_2PO_4^- \rightarrow H^+ + HPO_4^{2-} \cdots\cdots\cdots\cdots K_2 \tag{8.11}$$

$$HPO_4^{2-} \rightarrow H^+ + PO_4^{3-} \cdots\cdots\cdots\cdots\cdots K_3 \tag{8.12}$$

其解離受到海水中 pH 及其他鹽類物質所影響,其中以 pH 為主要因素。將未解離與解離的各磷酸鹽濃度定義為總濃度

$$[P_T]=[H_3PO_4]+[H_2PO_4^-]+[HPO_4^{2-}]+[PO_4^{3-}] \tag{8.13}$$

則各磷酸鹽濃度占總濃度的百分比,可書寫成以下的式子

$$\frac{[H_3PO_4]}{[P_T]}=\left[1+\frac{\overline{K_1}}{[H^+]}+\frac{\overline{K_1K_2}}{[H^+]^2}+\frac{\overline{K_1K_2K_3}}{[H^+]^3}\right]^{-1} \tag{8.14}$$

$$\frac{[H_2PO_4^-]}{[P_T]}=\left[1+\frac{[H^+]}{K_1}+\frac{K_2}{[H^+]}+\frac{K_2K_3}{[H^+]^2}\right]^{-1} \tag{8.15}$$

$$\frac{[HPO_4^{2-}]}{[P_T]}=\left[1+\frac{[H^+]}{K_2}+\frac{[H^+]^2}{K_1K_2}+\frac{K_3}{[H^+]}\right]^{-1} \tag{8.16}$$

$$\frac{[PO_4^{3-}]}{[P_T]}=\left[1+\frac{[H^+]}{K_3}+\frac{[H^+]^2}{K_2K_3}+\frac{[H^+]^3}{K_1K_2K_3}\right]^{-1} \tag{8.17}$$

由式子 (8.14)-(8.17) 可知,磷酸鹽解離各物種的濃度為 pH 函數,在海水鹽度 35psu 及室溫下(25℃),其解離常數為 PK_1=1.57、PK_2=5.86、PK_3=8.69(Millero, 1996)。將解離常數代入式子 (8.14)-(8.17),在不同 pH 值各磷酸鹽物種所占百分比如圖 8-3 所示。在 pH 值 8～8.5 之間,磷酸鹽解離的主要物種為 HPO_4^{2-} 與 PO_4^{3-},$H_2PO_4^-$ 所占濃度的比例極少 <5%。

海水中除了無機磷外,尚有濃度較少的有機磷化合物,如磷糖(phospholipids、phosphonucleotides)及其水解後之有機化合物。此外,磷酯(O-P 鍵結)及較穩定的銨基磷酸(N-P 鍵結)等,也是有機磷化合物。目前,海洋科學界對有機磷化合物的瞭解相對較少,海水中溶解態與懸浮態、無機及有機的磷化合物可互相轉移。

矽

矽元素亦為海水中的營養鹽之一,在海水中的重要性不如磷與氮,主要為矽藻(diatom),吸收、利用矽酸鹽構成其外部組織。海水中矽酸鹽的主要來源為陸上的矽鋁礦物風化後,經由河流輸入海洋。因矽鋁礦物含有 30% 以上的矽元素,因此河水中的矽酸鹽濃度範圍約介於 150～250μM,比磷、氮高出甚多。海水中矽酸鹽的濃度與鹽度成反比關係。在近岸海域,水中矽酸鹽的濃度範圍約介於 5

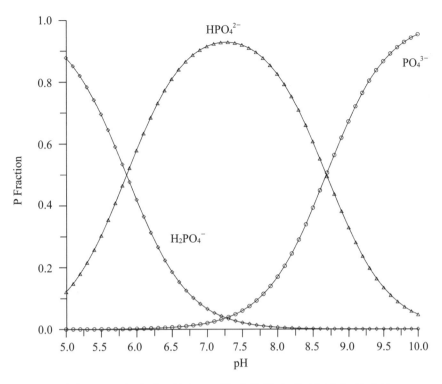

圖 8-3　海水中不同 pH 值磷酸鹽各物種所占百分比

～20μM；且離岸越遠，矽酸鹽的濃度越小，大洋表層水的矽酸鹽濃度小於 5μM。

痕量元素

　　海水中大部分元素的濃度都是痕量級，也就是小於 1 ppb（μg/L）或更低。這些元素包括週期表中的過渡元素、錒系與鑭系元素。其中，過渡元素中的重金屬元素最為廣泛地被研究與討論。因此，本文就重金屬元素予以討論：

　　所謂重金屬元素，係指週期表中 B 族之過度元素，因其密度通常大於 5 g/cm³，因此常被稱為重金屬（heavy metals）或痕量元素（trace metals），包括鎘、鉻、錳、鐵、鈷、鎳、銅、鋅、鉛與汞等。有些重金屬元素是生物生長所需要的，例如鐵、鈷、銅、鋅等，是生物生長、新陳代謝所需的元素，若環境缺乏這些元素，則生物便生長不好。有些重金屬元素是生物生長所不需要的，例如鎘與汞等。海域環境中若遭受重金屬污染，不管是生物所需要或不需要的元素，都會對海洋生物產生危害，嚴重者會經由食物鏈進入人體產生疾病而致死，例如日本在 1950～1970 年代發生過汞中毒事件，造成日本居民死傷逾千人（Clark,2001）。

　　過去十年來，海洋化學最熱門的研究題目，可能就是鐵假說理論（iron

hypothesis）。此理論為美國海洋學者馬丁（Martin）於 1990 年所提出。海洋科學家發現：在南、北太平洋某些海域的表層海水具有高營養鹽，但葉綠素濃度（high-nutrients, low-chlorophyll）較低。馬丁認為，浮游植物的生長，除了營養鹽外，也需要一些痕量元素如鐵等重金屬元素，方能促進浮游植物生長。為了驗證鐵假說理論，國際上的海洋學者合作，分別在大西洋百慕達海域及印度洋海域施放大量鐵液，以驗證馬丁的鐵假說理論。結果發現，這些施放大量鐵液的海域，浮游植物的生長有增加的現象（Martin et al., 1994; Coale et al., 1996）。此一結果鼓舞了全球的科學界。因為，若能在這些廣大的高營養鹽但低葉綠素濃度海域，提高其基礎生產力，可降低海水中的二氧化碳濃度，如此，可增加大氣中二氧化碳溶解至海洋的速率，其效果是可減緩大氣中二氧化碳的濃度，並降低全球的溫室效應。但海洋的基礎生產力增加，也意謂著海水中的有機物質亦增加。若有機物質在沉降至海底被永久埋藏的過程中，即被氧化分解而產生二氧化碳，此海水中過飽和的二氧化碳是否會逸散回大氣中，造成大氣中二氧化碳濃度實際上並無減少則未可知。其次，海水中的有物質增加，是否會使水質惡化，亦未可知。因此馬丁的鐵假說理論，對全球二氧化碳減少的效益，仍有待進一步研究。

第四節　元素在海洋中的分佈

陸上礦物風化後，化學物質經由河流輸入海洋。海洋中的物理、化學、生物與地球化學等作用，影響了它們在海洋中的分佈與循環。化學物質在海洋中的分佈，基本上可分成三種型態：保守型分佈（conservative distribution）；營養鹽型分佈（nutrients distribution）與清除型分佈（scavenged distribution），此三種分佈見圖（8-4）。

保守型分佈

元素物種濃度不隨水深變化，顯示此類化學物質在海水中，不受到生物與地球化學等作用而影響其分佈情形，呈現此種分佈的元素有鹼金族、鹼土族、鉬與鎢等元素。

營養鹽型分佈

元素物種在表層海水的濃度低，且濃度隨著水深的增加而增加。最大濃度出現在水深約 2,000～2,500 m 之間，之後，濃度的變化極少。造成此種分佈的機制為化學物質在表層海水被浮游生物吸收利用，因此，在表層海水的濃度低。浮

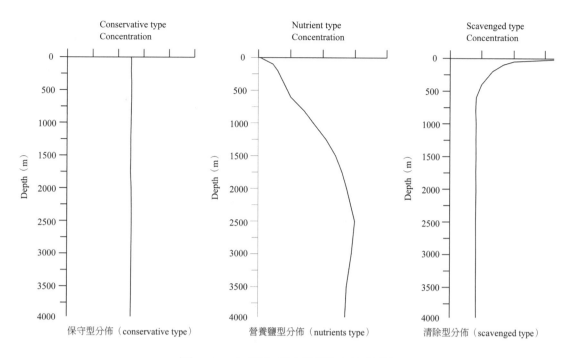

圖 8-4　化學物質在海洋中的分佈

游生物死後，其有機遺骸碎屑在下沉的過程中被氧化分解，使得其吸收的化學物質再溶解於水中，造成化學物質濃度隨水深的增加而增加。呈現此種分佈的元素有氮、磷、矽等三種營養鹽與鎘、鉻、鐵、鈷、鎳、銅與鋅等重金屬元素。

清除型分佈

　　元素物種在表層海水有較高的濃度，且濃度隨著水深的增加而遞減。水深在 1,000～2,000 m 後濃度維持不變。造成此種分佈的機制為化學物質在表層海水被懸浮物吸附去除，且隨著懸浮物沉降未被再生分解，因此濃度隨著水深的增加而遞減。呈現此種分佈的化學物質屬於親顆粒性元素，有鉛、錳與鋁等元素。

　　秘魯、加州、摩納哥與阿拉伯外海等國的海域，為世界上重要的漁場所在地，這些海域有一共同特性，即其周遭有強勁的湧升流（upwelling）。如前所言，海水中有很多化學物質，尤其是營養鹽，是浮游植物生長所需的元素。若海域中的營養鹽充足，加上水溫適中、陽光充足，則浮游植物即可生長良好。海洋生態是一個食物鏈，浮游植物為基礎生產者。基礎生產者的生物量多，可提供整體生態食物鏈所需，如此即可豐富海洋的生物資源。因此，漁獲量豐富的海域，皆位於近岸河口附近，或有較強的湧升流海域。因為河流及湧升流可帶來豐富的營養鹽，增進海洋的基礎生產力，進而提升漁業資源，因此海洋化學物質也是海洋的重要資源之一。

本章摘要

　　海水中化學物質的主要來源，為陸地上岩石礦物風化，經由河川輸入海中。淡水與海水的主要差異，就是水中溶解態化學物質的濃度之大不相同。淡水約為 100 mg/L，而海水則約為 35,000 mg/L（以鹽度為 35psu）。造成如此差異的主因為化學物質在海水中滯留的時間極長，隨元素而異，通常為百萬年至千萬年。海水中主要的陽離子為鈉、鉀、鎂、鈣，主要的陰離子為氯、硫酸根與碳酸氫根離子。這七種離子的濃度，占海水中溶解態化學物質總濃度逾 99% 以上，其中以氯離子（約 19,350 mg/L）與鈉離子（約 10,770 mg/L）濃度最多。其餘元素的濃度為微量（< mg/L）或痕量（< μ g/L），依照元素在海水中的濃度含量多寡，可將其分成五大類：主要元素 I（濃度 >50mM）；主要元素 II（濃度 0.5～50mM）；微量元素（0.5～50μM）；痕量元素 I（0.5～50nM）與痕量元素 II（<50pM）。海水中溶解態化學物質的含量多寡，衍生出鹽度的概念。不同鹽度的海水，其主要陰、陽離子濃度與氯離子濃度的比值為固定，不因地區而異。海水中比較重要的微量元素有氮、磷與矽等三元素，此為海洋中之營養鹽物質。控制海洋浮游植物生長的三大要素為陽光、水溫與營養鹽，而營養鹽常為主因。近岸海域因易受都市污水、農業與工業廢水污染，常造成近岸海域水中營養鹽過高，產生優養化現象，影響海域水質與生態。海水中化學元素的循環與分佈受到生物、地球化學與物理作用等影響而成垂直分佈，大概可呈現三種分佈型態：保守型、營養鹽型與清除型。在水平分佈方面，除了主要元素外，其餘元素的濃度則隨離陸地愈遠而遞減。

問題與討論

1. 海水中主要的陰、陽離子為何？濃度各為多少？
2. 請說明海水中鹽度的定義與其歷史變化。
3. 請說明何謂營養鹽，其在海水中的濃度為何？
4. 何謂硝化作用（nitrification）與脫氮作用（denitrification）？
5. 請圖示說明氮元素在沉積物—水介面間之物種轉換變化。
6. 請說明海水中磷酸鹽（H_3PO_4）之解離物種與 pH 值之關係。
7. 何謂馬丁的鐵假說理論？

8. 請說明大洋中化學元素的垂直分佈型態與影響其分佈型態之機制。

參考文獻

劉紹松，1995，獅子頭事故影響淡水河海域水質之探討—以營養鹽為例，國立臺灣海洋大學碩士論文。

Anderson, D. M. et al., 1999, *Red Tide-HAB monitoring and management in Hong Kong*, Final report, Agriculture and Fisheries Department, Hong Kong.

Bruland, K. W., 1983, *Trace elements in seawater*, Chemical Oceanography, vol 1 2nd et, Riley, J. P. and Skirrow, R. eds., Academic Press, New York. pp. 416-496.

Burton, J. D., 1988, *Riverborne materials and the continent-ocean interface*, Physical and Chemical Weathering in Geochemical Cycles, Lerman, A. and Meybeck, M. eds, Kluwer Academics Publishers, London, pp. 299-322.

Culkin, F., Cox, R. A., 1966, *Deep Sea Research* 13: 801.

Coale, K. H. et al., 1996, *A massive phytoplankton bloom induced by an ecosystem-scale iron fertilization experiment in the equatorial Pacific Ocean*, Nature 371: 123-129.

Clark, R. B., 2001, *Marine pollution 5th edition*, Oxford University Press.

Kamp-Nielson, L. and Anderson, J.M., 1977, *A review of the literature on sediment: water exchange of nitrogen compounds*. Progress Water Technology 8, 393-418 pp.

Libes, S. M., 1992, *An introduction to marine biogeochemistry*, John Wiley & Sons, Inc., New York.

Martin, J. H., 1990, *Glacial-interglacial CO2 change: the iron hypothesis*, Paleoceanography 5: 1-13.

Martin, J. H. et al., 1994, *Testing the iron hypothesis in ecosystems of the equatorial Pacific Ocean*, Nature 371: 123-129.

Millero, F. J., 1996, *Chemical oceanography 2ed edition*, CRC Press, New York.

Müller, T. J., 1999, *Determination of salinity*, Methods of Seawater Analysis, Grasshoff, K., Kremling, K. and Ehrhardt, M. eds, Wiley-VCH, pp. 41-73.

Riley, J. P., Chester, R., 1982, *Introduction to marine chemistry.*

Yang, Z. B. and Hodgkiss, I. J., 2004, *Hong Kong's worst "red-tide"-causative factors reflected in a phytoplankton study at Port Shelter station in 1998,* Harmful and Algae 3: 149-161.

第九章　海洋地質資源

　　地球表面約有 70% 的面積為海洋覆蓋，幻想能到神秘的海底一遊，是我們人類共同的夢想。隨著地球人口的爆增，陸地資源日漸枯竭，海底是否能提供給我們從日常生活到高科技工業研發所需的各種各樣的資源，是我們在面對本世紀社會發展與經濟成長的挑戰時，必須要瞭解的問題。

　　由於海洋地質資源隱藏在平均水深約 4,000 公尺的海底，所以海洋地質資源的調查必須應用各種遠距、間接的探測方法，主要是地球物理的調查，才能取得有關海底的地形，沉積物厚度、海底下的地層構造等基本資料。這些地球物理調查的方式包括應用聲學、震測、重力與磁力等海底下地層的物理性質變化，可在較短的時間內，對大片海域下的海洋地質進行探勘（圖 9-1）。

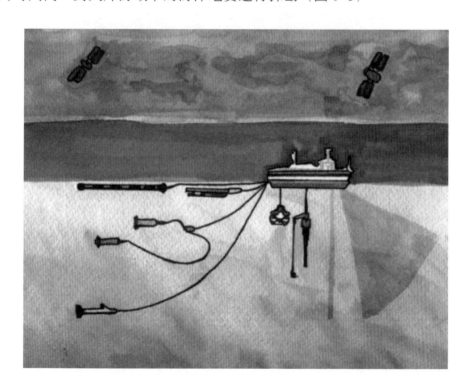

圖 9-1　海域地球物理探勘

　　海洋地質調查亦可直接對海底物質進行採樣或藉由潛具潛入海底攝影，對海底做直接的觀察。為了要瞭解海底物質的組成，海洋地質學家發明了各種各樣的海底探取機械：有些只能採到海底表層數十公分的沉積物，我們稱這些採樣器是

「抓泥型」、「拖地型」、與「箱型」沉積物採樣器。探取較長岩心的機械裝置則具有長長的鋼管、纜繩與重錘或鑽探機等重裝備。我們稱為「活塞式岩心採樣器」。利用重錘將鋼管壓入海底的活塞式岩心採樣可採得數公尺到數十公尺的岩心；利用鑽探機動力將鋼管旋轉鑽入海底則可取得數公里長的岩心。在海洋研究中利用動力鑽探機所取得的最深岩心記錄是海洋鑽探計畫（Ocean Drilling Program, ODP）所使用的研究船果敢號（JOIDES Resolution）所保持—約 2 公里深。日本甫建造完成的，將利用為綜合海洋鑽探計畫（Integrated Ocean Drilling Program, IODP）的研究船地球號（Chikyu）（圖 9-2），能鑽探到海底的更深處—約 5 到 7 公里，並具備防止油氣噴出的裝置，使鑽探工作能更安全的進行。這樣的鑽探的深度雖然與地球半徑的大小比起來仍相去甚遠，但已能提供相當多的資料，讓海洋地質學家了解海底各種資源與能源的分佈狀況。

圖 9-2　綜合海洋鑽探計畫所使用的日本海洋鑽探船地球號（http://www.usssp-iodp.org/Education/Images/chikyu_sm.jpg）

　　在海底可開發的資源，我們稱為海洋地質資源，主要包括海岸砂石、砂礦、海底金屬與非金屬礦床、錳核、海底地層中的石油與天然氣等。嚴格來說，分佈在海岸、海底及其更深處，經由富集或成礦作用所形成的可開發或具潛在開發經濟價值的礦物集合體，均可稱之為海洋地質資源。海洋地質資源因為開發較為困難，除石油與天然氣已在全球海域都有開發，並占海洋地質資源總產值 90% 以上

外，其他均尚未大量開發，故應有潛力，成為未來重要的資源之一。

第一節　海岸砂石與砂礦床

砂石，又稱為砂礫礦，為公共工程建設及營建工程不可或缺之基礎原料，亦稱為骨材資源。砂石為未固結顆粒所組成的沉積物，為非金屬礦物。砂石主要由陸地岩石碎屑所組成，亦含少量生物殼體（貝殼碎屑或微體生物殼體等）與自生礦物等。砂石資源存在地區廣泛分佈在陸域與海域，依據土石採取法第四條用詞定義，土石係指礦業法第三條所列各礦以外之土、砂、礫及石等天然資源。其中砂、礫及石屬砂石範疇，依賦存位置不同，砂石資源可分為河川、陸上及海域砂石等三大類：1.河川砂石，指存在河川區域、水庫蓄水範圍和湖泊的砂石；2.陸地砂石，指存在陸地的砂石；3.海域砂石，指存在海濱及海濱以外海域之砂石（主要為海岸砂灘、砂丘、砂洲、河口砂及海底砂石）（圖9-3）。分佈在大陸棚的海域砂石目前也在加速開採中。

圖 9-3　海域砂石的開採

由於人口增加，建築需求之砂石量日漸增加。河川砂石與陸地砂石最好是維持低度的開發，以維護生態與水土保持。未來要勢必尋找新的砂石來源，而四面環海的臺灣，更大的砂石資源，其實醞藏在廣大的海底。海域砂石的開發及利用在英國、日本已行之多年。依臺灣之環境，海域砂石資源的開發利用應是未來的趨勢。內政部礦業司，亦已陸續完成對淡水、竹苗、濁水溪、高雄、屏東枋寮及臺南外海等海域砂石資源的調查及評估。

砂礦床的形成則是來源自陸上的岩石碎屑，經過波浪、潮汐與海流的搬運和分選，最後在有利於富集的地段形成的金屬或非金屬礦床（圖9-4）。在某些地區的砂礦床係受到冰川和風的搬運富集形成的。河流不但能把大量陸源碎屑輸送入海，而且在河床就有可進行良好的分選作用，所以大陸棚上被海水淹沒的古河道便是砂礦床形成的理想場所之一。砂礦床中的具經濟價值的礦物含量一般而言是

與鄰近陸上的火成岩和變質岩分佈有關，也受鄰近陸上地區的氣候、岩石風化程度影響。砂礦床提供一些重要的金屬或具經濟價值的礦物，如錫、鉻、鈦、鐵、金、鑽石等。此外，由貝殼砂富集形成砂礦床可作為水泥原料等。

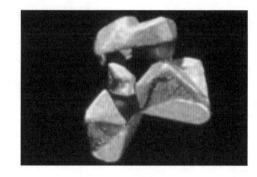

圖 9-4　從砂礦床中分選出的金礦（http://mac01.eps.pitt.edu/harbbook/c_xi/chap11.html）

巨大的砂礦床並不多見，但由於砂礦床的開採和分選容易進行，有很多國家都在開採，有的開採量很大，如世界上 96% 的鋯石和 90% 的金紅石就產自砂礦床。泰國、馬來西亞、印尼正在評估河川中的錫石砂礦床，若經開發，將占有全球 14% 的錫儲量。

第二節　海底礦床與錳核

從大陸棚延伸出到深海，海底亦蘊藏了豐富的資源，如在大陸棚上可開發的海綠石、磷灰石與重晶石，深海的熱水礦床與錳核等。這類礦產資源不是來自陸源碎屑，而是由化學作用、生物作用或熱水作用等在海洋內生成的自生礦物。

海綠石是一種淺海區常見的綠色矽酸鹽類礦物，化學組成上屬於結晶度較低的雲母類，富含鉀和鐵。海綠石呈小丸狀，這些小丸的外形類似生物的殘骸或糞球，故推測其生成可能與有機物有關。海綠石的粒徑一般小於 1 公釐，其集合體和雜質較多的顆粒可達數公釐，可做為鉀肥的原料。

磷灰石是淺海至半深海常見的一種礦物資源，大部分佈於低緯度缺少碎屑沉積物的大陸棚外緣附近，尤其是富含營養鹽的湧昇流海域。磷灰石是經由生物作用和化學作用，和再沉積與富集等複雜作用才能成為有經濟價值的礦床。磷灰石主要呈結核狀、板狀、塊狀等。結核的大小不一，通常直徑可達數公分，可做磷肥的原料。

重晶石主要分佈在大陸邊緣，在赤道附近海域的生物源軟泥及有熱水噴出口的海底亦可發現。深海探測亦發現在熱水噴出口內佈滿了富含重晶石的凹孔，從凹孔的外形來看極有可能是生活在熱水噴出口的管蟲長期挖掘作用的產物。管蟲內的共生菌可從熱液所含的硫酸氫中獲取氫原子維持生命，共生菌還可把海水中

的氫、氧和碳有機的轉化成碳水化合物，為管蟲提供生活所需的食物。這種化學反應的結果留下了硫元素，促使海水中的鋇和硫酸發生催化反應，故留下了管狀的重晶石凹孔。重晶石為石油鑽井工程中重質泥漿的主要添加物，可供製鋇鹽、無機藥品之原料，以及油漆、塗料、造紙、絕緣帶、放射線防壁、真空管等原料或填充料。

分佈在深海的熱水礦床，則是集深海潛具觀察、海洋地質與海洋生物興趣於一身的熱門研究地點（圖9-5）。深海熱水礦床是經由海底熱水成礦作用所形成的礦床，主要分佈在中洋脊、海溝、邊緣海海盆等有地熱對流系統作用的地方。深海熱水礦床富含多種重金屬元素，例如金、銀、銅、鋅、鉛、鎳、鋇、錳、鐵等。一般認為這些重金屬元素的沉澱係由於海水在海底沿著玄武岩的裂隙下滲至海洋地殼深處。當水溫升高時

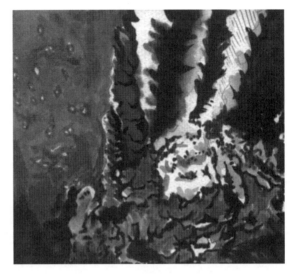

圖 9-5　深海熱水噴出口

便造就出可將高溫的海洋地殼中的重金屬元素溶出的化學環境，形成富含重金屬離子的熱水溶液。當地熱對流作用使這些熱水溶液沿著洋脊或其他部位的裂隙返回海底並與海水相遇時，因溫度下降促使這些重金屬沉澱下來，因而形成了金屬的熱水礦床。

在東太平洋隆起的載人潛具觀察中發現，在一個長僅約 7 公里，寬不過約200 至 300 公尺的狹長條帶內，熱水噴出口就有 25 個之多，噴出的熱水溫度達 380℃。熱水噴出口周圍有塊狀硫化物堆積，形成高 1 至 5公尺的黑煙囪。黑煙囪噴出的熱水的沉澱物以磁黃鐵礦為主，其次有黃鐵礦、閃鋅礦和銅鐵的硫化物。在黑煙囪周圍的海底上則覆有富含氧化鐵和氧化錳的沉積物，顯示這些熱水噴出口具有潛在的經濟開發價值。

錳核，又稱錳結核，一般可發現在數千公尺深的海底（圖 9-6）。錳核形態繁多，常呈

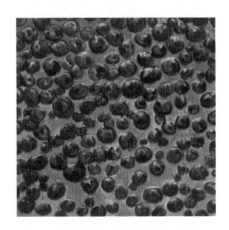

圖 9-6　深海錳核

球狀、橢球狀、扁球狀、板狀、葡萄集合體狀、或碎屑狀。錳核大小懸殊，小者一、二公分，大者可達一、二十公分。錳核通常以火山碎屑、魚齒或泥質團塊為核心，外覆堅硬的包殼。構成深海錳核的主要元素為錳、鐵、矽、鋁、鈣、鎂、鈉、鉀、鈦、鎳、銅、鈷等，此外還有鈾、釷等放射性元素。錳核的化學成分隨地而異，因而並不是所有的錳核都有開採價值。錳核在各大洋海底均有分佈。在北大西洋由於河流攜帶的泥沙量大，沉積速率高，較不利於錳核生長。南大西洋和印度洋就有較多的錳核產出，而太平洋的錳核富集度最高，開發的遠景最被看好。現在一般認為構成錳核的金屬元素可能係由陸上岩石風化，再由河流等帶入海洋；或是由熱水噴出口噴出的富含重金屬元素的熱水供應的。錳核的形成亦被認為與生物作用有關，生物的遺體和糞便的分解與細菌的作用都可參與錳核的形成。世界各大洋海底的錳核的總儲量估計約可達 3 兆噸，而太平洋海底的錳核儲量可能就占超過一半以上。根據估計深海錳核的生長速率平均為每 100 萬年增長幾公釐至幾公分左右，故依此速率估計錳核仍以每年約 1 千萬噸的速率生長，可稱之為取之不盡，用之不竭的可再生礦物資源。

早在 19 世紀末期，海洋探勘船挑戰者號進行全球考察時，就已經發現海底的錳核。第二次世界大戰以後，隨著海洋地質學的發展，逐步瞭解錳核在全球的海底都有分佈，海底潛水攝影等新觀察方法又可讓我們更清楚的見到錳核在海底存在的狀態。美國、法國、德國、俄國、日本和紐西蘭等國都有對深海錳核進行研究，並評估大量開採的經濟價值與環境污染等問題。

第三節　石油與天然氣

石油與天然氣為目前最重要的能源資源之一，為目前最重要的交通運輸燃料。石油也是一種十分重要的化學工業原料，許多石油化工產品，例如橡膠、塑料、化肥、醫藥等均由石油所衍生製造而成。石油及天然氣大多儲存在於地層岩石空隙中，一般是黑綠色、棕色、黑色或淺黃色的油脂狀液體。海底的石油與天然氣則通常會在大陸棚與大陸坡的地層中伴隨出現。石油在地層中可呈固態、液態及氣態三種產狀，在化學成分上則以碳氫化合物為主，並含硫、氮和氧等。天然氣則由較輕的碳氫化合物構成，其中最主要的成分為甲烷。石油與天然氣是經由數千萬年或甚至上億年前，大量的生物遺骸和有機質在一定的物理化學條件下轉變而來。這些巨量的有機質，可能是在缺氧的環境中，再加上厚厚岩層的壓

力、溫度的升高和細菌的作用,便開始慢慢分解,經過漫長的地質時間,這些有機質就逐漸變成了石油和天然氣。石油與天然氣的富集還需要有儲集它們的儲油氣層和防止漏失的蓋層。儲油氣層需具有良好孔隙率和滲透率,通常為砂岩、石灰岩和白雲岩及裂隙發達的岩層;而蓋層為覆蓋在儲油氣層之上,為較不具滲透性的岩層,通常為頁岩、泥岩和蒸發岩類的岩層。分散在岩層中的石油並沒有開採的價值,只有油氣富集到一定儲量的地方才具有開採價值。含有油氣的沉積岩層,由於受到構造運動而發生變形,形成地質學上所謂的背斜構造(圖 9-7)。石油往往會富集在背斜構造,所以在石油地質學中也稱之為儲油構造。通常,由於天然氣密度最小,會在背斜構造的頂部出現,而石油處在中間,下部則是水。所以在探勘石油與天然氣的過程中便先要尋找地底下具有這種構造特性的區域。在海域的石油探勘,則需建立巨型的鑽井平臺,成本與環境污染的風險均較高(圖9-8)。

圖 9-7　背斜儲油構造

圖 9-8　海域石油鑽井平臺

全球的石油與天然氣資源分佈並不平均,石油主要集中在中東,包括沙烏地阿拉伯、科威特、伊朗、伊拉克等國家,與美洲的墨西哥海灣及加勒比海區,包括美國、墨西哥、委內瑞拉及哥倫比亞等。天然氣最豐富國家則為俄國、伊朗和美國等。全球石油與天然氣的儲量甚難估計,常隨新探勘技術與政治因素會有變

化。石油的儲量估計約有 1,350 億噸，以現在全球的消耗速率計算，約可再用 30 年。天然氣的儲量則約有 124 兆立方公尺，約可提供全球約再 50 年的使用。最近由於國際石油價格飛漲，不僅一般汽機車用汽油價格調漲，連民生物價也蠢蠢欲動。對於 70 年代兩次全球性能源危機及 90 年代波斯灣戰爭記憶猶新的人，不禁開始又憂心世界經濟在不久的將來，是否將再度面臨石油短缺所造成的衝擊。由於多數對世界石油供需問題的研究都認為未來將出現嚴重的石油短缺，故開發新的能源，應是當務之急。

近年來，在海底沉積物中分佈廣泛的天然氣水合物，被認為是可供應我們能源需求至下世紀的新海洋地質資源（圖 9-9）。天然氣水合物為水分子與甲烷分子於低溫高壓的環境，所形成的類似冰塊的物質。因此天然氣水合物通常形成於水深約 500 公尺以下的大陸棚的海底沉積物中。這種天然氣冰塊物質在常溫常壓下會水解成水與甲烷氣體，可供民生能源使用。天然氣水合物在地球上的儲量極為豐富，其所能提供的能量是目前全球已知的所有石油天然氣等化石燃料總合的兩倍。目前全球許多國家如日本、美國、加拿大、印度、英國等均已投入進行天然氣水合物的研究與探勘；海洋鑽探計畫亦在東太平洋鑽得天然氣水合物的冰塊樣本。我國的科學家亦已在臺灣西南海域發現天然氣水合物存在的證據，並將陸續進行研究。但是，天然氣水合物中的甲烷是一種溫室氣體，若大量天然氣水合物迅速解離，釋出的甲烷氣到大氣中可能會對全球氣候造成相當的影響。海底下的天然氣水合物解離亦可能形成地層中的弱帶，引起海底崩塌，造成地質災害或甚至海嘯，因此現在世界上許多國家均積極的進行天然氣水合物的調查及研究，希望能在兼顧環境保護與經濟效益下，安全的開發這種新能源資源。

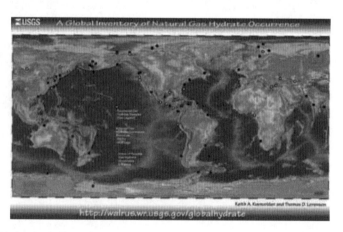

圖 9-9　全球天然氣水合物分佈（http://soundwaves.usgs.gov/2001/02/research2.html）

本章摘要

　　海底蘊藏豐富的礦物資源與能源，但須應用各種地質與地球物理調查方法，才能瞭解它們的分佈與蘊藏量。在海底的海岸砂石、砂礦、金屬與非金屬礦床、錳核、石油與天然氣等，均稱之為海洋地質資源。海洋地質資源除了石油與天然氣外，大部分尚待開發，為未來陸地資源枯竭後重要的資源提供場所。海底亦蘊藏豐富的天然氣水合物，若能在不影響環保的情況下開發，將來亦可成為人類重要的能源之一。

159

問題與討論

1. 請討論海域砂石資源的開發對我們的工程建設的重要性為何？
2. 請查尋我們的政府有哪些部門與海洋地質資源的開發有關？
3. 為何海域中的天然水合物是我們未來需加強調查與開發的重要能源？我國政府與研究單位正在進行的調查進展為何？

參考文獻

彭阜南，2001，《海洋地質學辭典》，地球科學文教基金會，436 頁。

Keller, E. A., 1992, *Environmental geology*, 8th edition, Macmillan Publishing Company, 562 pp..

Seibold, E., Berger, W. H., 1993, *The sea floor (an introduction to marine geology)*, Springer-Verlag, Berlin Heidelberg, Germany, 356 pp..

Summerhayes, C. P., Thorpe, S. A., 1996, *Oceanography (an illustrated guide)*, John Wiley & Sons, Inc, New York, USA, 352 pp..

Thurman, H. V. and E.A. Burton, 2001, *Introductory oceanography*, 9th edition, Prentice-Hall Inc., New Jersey, USA, 554 pp..

第十章 海洋資源管理之法律規範

　　由法律制度來規範人類對海洋資源的開發利用行為，是最具有強制力、也最有效的管理方式。「聯合國海洋法公約」（以下簡稱海洋法公約或公約）是在1994年生效的一部國際法，加入公約的國家現已超過100個。這部有「海洋憲章」之稱的公約，堪稱是目前有關海洋事務最全面和權威的國際法。按照公約，海洋被劃分為國家管轄海域和國際海域兩大部分。前者包括內水（或稱內海）、領海和鄰接區（或稱毗連區），專屬經濟海域（或稱專屬經濟區）、群島水域、公海、大陸礁層（或稱大陸架）等；國際海域則包括公海和國際海底。無論在國家管轄之海域或國際海域，均須有合適有效的法規與執法方能將海洋資源進行有效的管理。

第一節　國際海洋法

　　1926年的「華盛頓會議」（The Washington Conference）曾提出一公約單案處理海洋船舶油污染，惟並未通過；第一屆「聯合國海洋法會議」對此海洋污染議題仍未付予太多關注，僅在1958年的「公海公約」第二十四及二十五條規範國家責任，要求締約國應參酌關於防止污染海水之條約規定制訂規章，以防止因排放油料或傾棄放射廢料等而污染海水；第一個國際公約制定在1954年，即「海洋油污染預防國際公約」（OILPOL），1958年7月26日生效；到了1970年代起，一系列的國際公約及協定始告大量出現於國際社會。

　　國際海洋環境立法的歷程，大致分為三個階段：

一、初期階段：約為 1950 至 1960 年代末

1. 1954 年「防止海洋油污染國際公約」

　　1954年4月26日至5月12日在倫敦召開的有關海洋油污染的國際會議，制定了一項國際公約，即「防止海洋油污染國際公約」。參加會議的有42個國

家，會中通過的公約要求傾廢儘可能運離陸地，一般應距岸 50 浬，並建立禁止傾廢的特別區。該一公約還制定了世界性的污染標準，要求締約國確保其油輪排放的油類或油質混合物中的油含量不超過 100 PPM。然而，該公約僅限於石油污染，對於其他污染則不適用。而且，不適用由於以下因素引起的石油污染：(a)船舶安全事故；(b)不可避免的洩漏情況；(c)由於清洗或純化燃油和潤滑油而產生殘渣的廢棄物。因此，該一公約不足之處在於因為產生污染的情況是如此的複雜，舶船污染可能會因超出公約所規定的範圍而逃避責任。此外，這項公約規定污染造成的危害必須報告船旗國，而且只有船旗國可以對它的船舶起訴，享有執行權。對於禁區以外的溢油實際上難以控制。然而，這次會議畢竟對於處理不斷增加的海洋污染問題作了努力，也是給締約國一定義務和權利的第一個國際海洋保護法規。

2. 1958 年「領海和鄰接區公約」／1958 年「公海公約」／1958 年「大陸礁層公約」

1958 年在日內瓦召開的第一次聯合國海洋法會議通過的「公海公約」中，有關防止海洋環境污染有兩項規定，第二十四條規定：「各國應參照現行有關的條約制定規章，以防止因船舶或管道排泄油料，或因開發和探測海床和底土而污染公海。」第二十五條規定：「(a)各國應考慮到主管國際組織所制定的標準和規定，採取措施，以防止因拋擲放射性廢料而污染公海。(b)各國應與主管國際組織合作，採取措施，以防止因排放放射性原料或其他有害物劑的活動而污染公海或公海上空。」此外，「公海公約」雖規定了船旗國的專屬管轄權；但沒有制定國際污染的最低標準。但在「領海和鄰接區公約」第十七條中規定：「行使無害通過權的外國船舶應遵守沿海國依照本公約條款和其他國際法的規則所制定的法律和規章，尤其應遵守有關運輸及航行的法律和規章。」這裡，沿海國享有在其領海內制定法律和規章的權利，但須遵守公約和國際法的一般規則，特別是有關運輸和航行方面的規定。在「大陸礁層公約」第五十條第七款規定，「沿海國有義務在安全區域採取一切適當措施以保護生物資源不受有害物劑的損害。」這一規定只限於為開發大陸礁層而設立的安全區內所採取的措施。

3. 1958 年的「公海漁業及生物資源養護公約」以及 1959 年的「南極條約」

在海洋環境保護方面，「政府間海事協商組織」（IMCO）（1982 年 5 月 22 日改為「國際海事組織（IMO）」）發揮了重要的作用。該組織為聯合國從事船舶活動管理事項的專門機構。1948 年 3 月在日內瓦召開聯合國海事會議，

通過「政府間海事協商組織公約」。該公約經過 10 年，到 1958 年獲得 21 個國家加入而生效，並於 1959 年 1 月 6 日在倫敦正式建立海事協商組織。按照該公約規定，海事協商組織的宗旨和任務是：在有關解決國際貿易的航運技術問題的政府規章和慣例方面，為各國政府提供合作機會；在海上安全、航行效率和防止、控制船舶污染海洋方面，鼓勵各國採用最高可行的統一標準，並處理與之有關的法律問題。國際海事組織到 2000 年已有成員 158 個，總部設在倫敦。該組織在 1967 年以前對於保護和控制海洋環境關心不夠，1967 年「托里‧峽谷號」事故洩漏大量原油入海以後，才引起該組織對海洋環境的重視。至 2000 年底，海事組織已制定或負責的國際公約有 52 個，廣及海上人命安全、海上避碰、船舶載重線、船舶噸位丈量、防止海洋污染、油污民事責任、公海油污的干預、油污賠償國際基金、集裝箱安全、特種客運、核能船舶、旅客行李運輸責任、船員培訓和值班標準、海上傾廢、漁船安全、海事衛星和海上救援等方面。

二、發展階段：1960 年代末至 1970 年代末

在這個階段，有大量之各種海洋污染防制公約被通過，包括：

1969 年「油污染危害民事責任國際公約」：又名私法公約、民事責任公約。

1969 年「關於排除公海油污染事故國際公約」：又名公法公約、排除公約。

1971 年「建立國際基金補償油污染危害國際公約」。

1972 年「防止船舶和飛機傾倒引起的海洋污染公約」（簡稱奧斯陸傾倒公約）。

奧斯陸公約主要適用於東北大西洋區域，規定締約國採取措施，以排除陸源污染，包括放射性物質、控制傾廢以及關於大陸礁層和海床作業引起污染的區域控制。

1972 年「防止傾倒物和其他物質污染海洋國際公約」（簡稱倫敦棄廢公約）。

1973 年「防止船舶污染國際公約」。

1974 年「防止陸源海洋污染公約」。

1974 年「保護波羅的海區域海洋環境公約」（簡稱赫爾辛基公約）。

1976 年「保護地中海海洋環境防止污染公約」（簡稱巴塞隆納公約）。

1978 年「防止船舶污染國際公約議定書」。

三、成熟期：1980 年代以後

海洋環境立法經歷了二十幾年的發展階段後，已經形成一套以公約、雙邊和多邊條約、協定、協議為主，數量龐大的法律體系。根據 1970 年聯大決議，海底委員會從 1971 年起把海洋環境保護問題作為第三小組委員會審議的項目之一，對海洋環境保護的條款進行實質性討論和起草條約條款。這方面的工作包括兩大項目：(1)保護海洋環境（包括海床區域）；(2)減輕和防止海洋環境污染（包括海床區域）。審議過程中，爭論的焦點為沿海國對其管轄範圍內的海洋區域的污染有無管轄權的問題。發展中國家和部分其他國家主張：沿海國有權根據本國的環境政策，採取一切措施保護海上環境，防止海洋污染。美、蘇等則片面堅持國際統一的防污染標準，否定沿海國根據本國的環境政策，制定防污染標準的權利；經過各國近十年的折衝，1982 年終於通過的「聯合國海洋法公約」，成為國際海洋制度成熟的象徵。

「聯合國海洋法公約」（Untied Nations Convention on the Law of the Sea, UNCLOS）之第十二部分：海洋環境之保護與保全，共十一節四十六個條文（Art. 192-237），包括了：

(1)一般規定；

(2)全球性和區域性合作；

(3)技術援助；

(4)監測和環境影響評估；

(5)防止、減少和控制海洋環境污染的國際規則和國內立法；

(6)執行；

(7)保障辦法；

(8)冰封區域；

(9)責任；

(10)主權豁免；

(11)關於保護和保全海洋環境的其他公約所規定的義務。

該一公約要求各國在保護和保全海洋環境上有相當的義務（第一○二條）。並規定，各國有依據其環境政策和按照其保護和保全海洋環境的職責，開發其自然資源的主權權利。

「聯合國海洋法公約」要求各國應在適當的情形下，個別或聯合地採取一切符合本公約的必要措施；防止、減少和控制任何來源的海洋環境污染；並且應採取一切必要措施，確保在其管轄或控制下進行的活動，不致使其他國家及其環境

遭受污染的損害（第一九四條）。

「聯合國海洋法公約」也要求各國，在為保護和保全海洋環境而擬定和制定符合本公約的國際規則、標準和建議的辦法和程序時，應在全球性的基礎上，或在區域性的基礎上，直接或通過主管國際組織進行合作，同時考慮到區域的特點（第一九七條）。

「聯合國海洋法公約」也進一步規定各國應直接或通過主管國際組織，促進發展中國家的科學和技術援助，以保護和保全海洋環境，並防止減少和控制海洋污染（第二〇二條）；也要求各國際組織對發展中國家，在技術援助的分配和專門服務的利用方面得到優惠待遇（第二〇三條）。

「聯合國海洋法公約」更要求各國應在符合其他國家權利的情形下，在實際可行範圍內，盡力直接或通過各主管國際組織，用公認的方法觀察，測算，估計和分析海洋環境污染的危險和影響，以便確定這些活動是否可能污染海洋環境（第二〇四條）。

如前所述，早期國際上對海洋環境的保護，比較停留在針對特定的污染源（例如船舶的油污染）上。然而，隨著近代科技的進步，污染來源的多樣化與擴大化，使得國際社會不得不面對這些新的污染可能帶來對海洋更大更嚴重的危害。此外，多次相當嚴重的污染事件也使得國際社會注意到，海洋環境的保護絕不可能單靠保護好自己的領土或領海就能達到；任何一次嚴重的公海油污染事件，影響所及就是許多沿海國家。於是，國際社會認為，這應該是整個國際社會一起合作才能有效遏止日趨嚴重的海洋污染問題。但是，既存的區域公約並不一定要完全被取代。所以，聯合國第三次海洋法會議所提出的海洋法公約，在針對海洋環境的保護與保全上，並非取代現有既存的國際條約；而是藉由架構性的建立，「整合」所有這些現有的國際海洋環境保護的相關區域性公約。

1987 年聯合國世界環境和發展會議所提出的報告—「我們共同的未來」（Our common future），就曾指出，聯合國海洋法公約的確使海洋朝整合性管理目標邁進一大步。其他多項國際文件，包括 21 世紀議程（Agenda 21），也都對1982 年聯合國海洋法公約的整合性功能，持相同肯定的看法。

由前述對海洋環境保護之國際立法來看，我們可確定防止海洋污染係「國家責任」（State Responsibility），且各國有義務通力合作，共同採取措施，以防止並減輕海洋污染對環境及人類的危害。值得注意的是，根據傳統國際法上「非締約國不受拘束」的原則（the pacta tertiis principle），條約僅在締約當事國間發生效力。然而，前述大部分的國際公約，並非由多數國家參與、簽署或加入；

且締約國亦非為主要的海運國家，其防止海洋污染的利害關係及所能掌握的污染防治技術，比起大部分非締約國而言，事實上並無法達到既深且廣的效果。為了彌補此一缺口，聯合國海洋法公約藉由「參考適用法則」（Rule of Reference）做了一個巧妙的設計：將諸多相關之國際公約或國際習慣、區域性安排（regional arrangement），甚而包括在未來才會出現的國際規則或標準都予以納入，只要是公約締約國或加入國，均有參考適用的規範空間。

第二節　我國海洋資源管理相關法律

臺灣擁有約 1,500 公里長的海岸線，包括漁業、航運和造船等產業對海洋的依賴性相當高。惟早期由於欠缺環境保護意識與偏重經濟發展，對海洋環境的破壞一直未投入對等的關心與實際作為，故在海洋環境保護法制的建立上，發展得相當遲緩。直至近年來，由於環境意識的提升，再加上數起嚴重污染的事件喚起社會的注意，在海洋環境的立法工作上才有重大的突破。然而，若由海洋環境的「跨疆界」（trans-boundary）的特性來看，如何和區域或國際接軌並共同合作，實為不容忽視的工作。

我國第一個與海洋污染防治有關之規定，是民國 22 年 6 月公布的「商港條例」。條例中規定：商港內不得投棄煤屑、灰燼、油脂及其他不潔物件。違反者，主管航政官署得酌量處以 200 圓以下罰鍰[1]。此一規定以現在的觀點來看，能否視其為海洋污染防治法規的一環，當然有很大的問題；但在當時，對於海洋污染方面的問題，尚可發揮某種程度上的功能。當然，民國 20 年代，環境保護及污染防治意識尚未形成，相關行政體制亦不具備，再加上上述「商港條例」的規定僅是以商港內的地區為範圍，所以該條例只是我國海洋污染防治相關法規的開端而已，仍不能視為嚴格意義的立法。同時，當時主管航政機關的取締工作並不積極，所以也很難看出它有海洋污染防治的實效。

到了民國 42 年，臺灣省政府頒布了「臺灣省港務管理規則」。在該規則中，將管制範圍由「商港規則」的港內擴及距港口 1 萬公尺的地區，並且其適用對象也由商船擴大到軍事及公務船舶[2]。該規則擴大了管制及適用對象的範圍，可視為立法的一大進步。

---

[1] 參見：商港條例第二十條，第二十八條之規定。
[2] 參見：臺灣省港務管理規則第四十九條之規定。

到了民國 51 年，交通部公布實施「中華民國國際港油輪管理規則」，進一步建立了污染者須負擔清除費用及負起連帶損害賠償責任的原則[3]。

雖然臺灣省政府「港務管理規則」及「中華民國國際港油輪管理規則」前後補強了有關海洋污染防治的規定；但在當時，污染或公害防治意識仍未普及，因此，儘管大幅度擴增了污染防治的適用對象及場所範圍，也建立了污染者負擔清理費用及負連帶損害賠償責任的規定，但這兩個規則的規範功能，相對於整個海洋污染的議題，仍是非常的有限。

到了民國 63 年，政府訂定及施行「水污染防治法」。其中，明定海水為地面水體的一種而成為水污染防治法的適用對象之一[4]。由於海水污染問題納入規範，使海洋污染防治進入了一個嶄新的階段。但該法制定的重點，大部分集中在河川污染的問題，即針對都市下水道及工廠、礦場等廢污水排放之管制、取締、處罰等予以規定；對於海洋污染方面的問題，並沒有太多著墨，也未有具體的規定，僅是將海洋定為地面水體，而對污水流入海洋的放流口加以管制，對於海洋污染防治並未有立竿見影的功效，但觀念與內涵上確實是邁進了一大步。

之後，雖然交通部與經濟部根據水污染防治法相關規定，於民國 65 年間共同公布了「船舶廢污物管制辦法」；但在民國 72 年間水污染防治法修正，「船舶廢污物管理辦法」因而廢止[5]。因此，海洋污染防治工作實際上並沒有因為水污染防治法的頒行而有大幅度的進展。

民國 69 年 5 月，「商港法」公布施行。對於海洋污染防治的問題，設有較以往法規更具體詳盡的規定。其後，交通部根據「商港法」授權，於民國 73 年頒行了「海水污染管理規則」。至此，臺灣終於有了較具體的海洋污染防治之相關的規定[6]。

由上所述，過去長久以來我國對於防治海洋污染不是沒有規定，而是這些規定沒有系統，以致在執行上欠缺全面性。此外，我國原有之法規中雖不乏關於海洋環境保護的有關規定，但有鑑於包括環保署及交通部二不同屬性部會所主管的不同規範目標，法規在實務執行上總有不敷使用的困頓感。在公務員「依法行政」的原則下，訂定一較見整合性，且涵蓋面較廣、權責分配清楚及事後救濟管

---

[3] 參見：「中華民國國際港油輪管理規則」第五十八條，第六十一條之規定。該規則規定了油輪之壓艙污水，須在禁止排油區以外排棄，而且清除油污之費用之損失，均應由船舶所有人負擔之。

[4] 規定於水污染防治法第一章第二條。

[5] 民國 72 年水污染防治法修正，廢除「船舶污染物排放」之規定，將原第十條修正為：「廢水以管線排放於海洋者，其管理辦法由中央主管機關訂定之」，因此，船舶廢污物管理辦法不復適用。

[6] 商港法第五十條第一項規定：海水污染，打撈業，國際商港港務及棧埠管理規則，由交通部定之。

道完整的海洋環境保護法規，顯有必要。因此自民國 76 年起，行政院環境保護署即結合業界及學術界為專業立法結構的「海洋污染防治」法令做了多次的草擬工作[7]。經過漫長歲月，終於在民國 89 年 11 月 1 日公布實施了「海洋污染防治法」，使我國具備了以「海洋污染防治法」為主軸的海洋環保法制，在海洋環境和資源保護上有一個新的法源依據。

為妥善策劃、指導、監督或執行海洋污染防治事項，「海洋污染防治法」包含要點如下：

一、第一章「總則」：明定立法目的，適用範圍、專用名詞定義、主管機關、執行機關、委託及檢查等規定。

二、第二章「基本措施」：係針對海洋污染防治的基礎事項，明定海洋環境的分類、海洋環境的品質標準及海洋環境監測，設立海洋污染專案小組及海洋污染防治處理小組、擬訂緊急應變計畫、港口管理機關之權責、海洋處置費之徵收、從事海洋污染有關事業之條件及許可、海洋環境污染之禁止與除外等規定。

三、第三章「防止陸上污染源污染」：明定廢（污）水非經許可不得經由放流管、海岸放流口、廢棄物推置或處理場排放；以及發生污染海域或有嚴重污染之虞時，業主及主管機關應採取之措施。

四、第四章「防止海域工程污染」：明定公私場所對利用海洋設施從事探採油礦及輸送化學物質等，應於作業前先檢具監測及應變計畫送請核准；公私場所不得排洩物質入海，並應製作紀錄及申報；海域工程發生污染海域或有嚴重污染之虞時，業主及主管機關所應採取之措施。

五、第五章「防止海上處理廢棄物污染」：明定海洋棄置、海上焚化及所使用船舶、航空器、海洋設施應經許可，其作業區域之公告、海洋棄置物資之分類管制，及發生污染海域時行為人及主管機關應採取之措施。

六、第六章「防止船舶對海洋污染」：明定船舶應設置防污設備，其對海洋環境有造成污染之虞者，港口管理機關得禁止其航行，並得查驗其有關證明文件；船舶裝卸油及化學品，應採取適當污染防制措施；發生海難或其他意外事件，船舶所有人、船舶管理人及主管機關「應」或「得」採取之措施。

七、第七章「損害賠償責任」：針對污染所造成的損害，明定賠償責任、強制責任保險及提供擔保等規定。

八、第八章「罰則」：明定違反本法規定之刑罰及行政處罰。

---

[7] 中華民國海運研究發展協會，我國海域防治船舶污染公害之研究，臺北：中華民國 79 年，頁 104。

九、第九章「附則」：明定規費之收取、過渡措施、施行細則及日期等規定。

由上述觀之，「海洋污染防治法」提供了全面性整合的海洋環境保護規範；且處處可見直接或間接援引國際法有關規定的設計。然而，「海洋污染防治法」所傳達的整合性的理念雖值得肯定；惟從具體條文來看，本法現行的設計仍有若干議題，宜加以討論：

一、規範目的真的是一套完整的「海洋環境保護法」架構嗎？

由海洋污染防治法第一條：「為防治海洋污染，保護海洋環境，維護海洋生態，確保國民健康及永續利用海洋資源，特制定本法。本法未規定者，適用其他法律之規定。」似乎無從否認這個想法。但若從本法的名稱以觀，再加上所有條文所呈現的架構，吾人可發現，本法仍係規範「海洋污染」的行為而已；至於海洋環境保護工作的另一面向，即海洋資源之保育（conservation）和保全（preservation）則全然非本法所關心的重點。吾人或可解釋為由中央主管機關（行政院環境保護署）的職掌上，本來就不包括生態保育，自然無從立法涵蓋此一部分；唯第一條所稱「永續利用」（sustainable utilization）之目標，若僅從污染防治著手，恐怕永無可能達成。由此，本文以為，真正具有整合性（intergrity）的立法，斷不能把海洋資源保育與海洋污染防治作完全的割裂，這樣的立法設計只是更加證明了我國在環境保護工作上，將生態保育與污染防治分隸不同部會（農委會與環保署）之嚴重錯誤設計而已！亡羊補牢處即從整體設計加上海洋資源保育的部分，或只得另立一部「海洋資源保育法」以求彌補。

二、在「領域」之效力是否夠完整？是否與其他法律競合管轄？

海洋污染防治法第二條：

「本法適用於中華民國管轄之潮間帶、內水、領海、鄰接區、專屬經濟海域及大陸礁層上覆水域。

於前項所定範圍外海域排放有害物質，致造成前項範圍內污染者，亦適用本法之規定。」

由此可確定本法的適用領域，包括了潮間帶、內水、領海、鄰接區、專屬經濟海域及大陸礁層上覆水域，且明定在這些區域外之範圍排放，而導致這些區域內之污染者，本法亦可管轄。原則上，本法的涵蓋區域相當完整，也展現了本法在海洋污染防治之「基本法」地位。唯吾人亦應特別注意由於本法涵蓋之範圍如

此廣泛，並與現行有效之「商港法」、「水污染防治法」、「中華民國領海及鄰接區法」、「中華民國專屬經濟海域及大陸礁層法」等，以及尚未完成立法之「海岸法」草案等，有相互重疊的範圍。在許多相關條文的競合下，如何適用，就成了亟待釐清的問題。[8]

三、海洋污染防治法所規範之污染源，是否具有全面性與實質之規範價值？

由本法全面觀之，其所欲規範之污染源包括「陸上污染源」（第三章）、「海域工程之污染」（第四章）、「海上處理廢棄物之污染」（第五章）、「船舶來源之污染」（第六章）四個方面。此一設計大致已涵蓋現況下的各種污染來源，此與 UNCLOS 1982 第十二部分的設計，除了國家管轄範圍外之「海底」污染，以及特別指出「來自大氣層或通過大氣層」之污染外，均已完全涵蓋。唯值得注意的是，UNCLOS 1982 由於尊重國家主權，並不願直接觸及「陸源性污染」，而我國在主權完全管轄下，似應對陸源性之污染作更具體而詳盡的規範。可惜的是，本法僅有兩個條文（第十五條及第十六條）從污水排放及海洋放流及海岸廢棄物堆置加以規定，似嫌過於單薄。

四、主管機關與執行機關

海洋污染防治法第四條及第五條雖明訂行政院環境保護署及海岸巡防機關為「主管機關」與「執行機關」，然在第十一條亦指出「港口目的事業主管機關應輔導所轄港區之污染改善，第十四條第二項亦言明目的事業主管機關得採取緊急措施，並採取「主管機關」和「目的事業主管機關」的二元式管理。在現行的大部分環保法令上均採此一模式，唯成效如何，頗值得觀察。

五、重大海洋污染事件之處理

海洋污染防治法第十條規定了：「為處理重大海洋污染事件，行政院得設重大海洋污染事件處理專案小組；為處理一般海洋污染事件，中央主管機關得設海洋污染事件處理工作小組。」

為處理重大海洋油污染緊急事件，中央主管機關應擬訂海洋油污染緊急應變計畫，報請行政院核定之。

前項緊急應變計畫，應包含分工、通報系統、監測系統、訓練、設施、處理

---

[8] 以阿瑪斯號污染事件為例，在對沉沒船舶之移除上，船舶所有人即主張根據「海商法」第二十一條第三項主張責任限制，此與海洋污染防治法第三十二條之規定之關係究如何，似乎即產生爭議。

措施及其他相關事項。」

　　有關重大海洋污染事件之處理，理論上，此條文應可取代商港中有關海難救護之規定，在人（行政院得設之「重大海洋污染事件處理專業小組」）、計畫（「海洋油污染緊急應變計畫」、錢（第十三條所指之基金及財務保證、保險等）均有清楚的設計。唯令人不解的是，阿瑪斯號油污染事件發生後，似乎在此三方面均未獲有效的處理。究係新法初實施，細部計畫及執行尚未完備；抑或本法的理想性過高，不易實現，實值得主管機關及相關部會加以正視。

六、「海洋環境品質標準」與「海洋環境管制標準」

　　由海洋污染防治法第三條在名詞定義中規定：

　　「二、海洋環境品質標準：指基於國家整體海洋環境保護目的所定之目標值。」

　　「三、海洋環境管制標準：指為達成海洋環境品質標準所定分區、分階段之目標值。」

　　且在第八條規定：

　　「中央主管機關應視海域狀況，訂定海域環境分類及海洋環境品質標準。

　　為維護海洋環境或應目的事業主管機關對特殊海域環境之需求，中央主管機關得依海域環境分類、海洋環境品質標準及海域環境特質，劃定海洋管制區，訂定海洋環境管制標準，並據以訂定分區執行計畫及污染管制措施後，公告實施。

　　前項污染管制措施，包括污染排放、使用毒品、藥品捕殺水生物及其他中央主管機關公告禁止使海域污染之行為。」

　　可知主管機關得以上述兩項標準來加以規範海洋污染；唯此兩項準建立之基礎，是否植基於最佳科學證據（best scientific evidence available），並未在條文中得見。是否又落入行政機關裁量之範圍，而欠缺科學基礎；或類似其他環保防污標準，以大量抄襲他國的方式，似乎與民主法治的「透明」（transparency）原則有違。此外，若目前的標準不容易馬上建立，則預警原則（precaution approach）似乎可加以引入。

七、污染禁止、排除、減輕之義務與損害賠償責任

　　由海洋污染防治法第十四條規定：

　　「因下列各款情形之一致造成污染者，不予處罰：

（一）為緊急避難或確保船舶、航空器、海堤或其他重大工程設施安全者。

（二）為維護國防安全或因天然災害、戰爭或依法令之行為者。

（三）為防止、排除、減輕污染、保護環境或為特殊研究需要，經中央主管機關許可者。

海洋環境污染，應由海洋污染行為人負責清除之。目的事業主管機關或主管機關得先行採取緊急措施，必要時，並得代為清除處理；其因緊急措施或清除處理所生費用，由海洋污染行為人負擔。

前項清除處理辦法，由中央主管機關定之。」

由本法可看出已課以所有人對海洋污染之禁止、排除及減輕的義務；僅在特別的情況下，得以「不予處罰」；但不處罰並不等同於所有責任之免除，僅為「行政」及「刑法」上不罰而已，但未完全免除民事及其他部分之責任。此點是立法用語上之刻意或誤用，值得再加以斟酌。至於第七章所規定之損害賠償責任，雖極具新意地加上船舶責任保險制度；但對象船舶的範圍（是否包括外國船舶，範圍多大），有待在另訂之辦法中詳明之。此外，第七章亦只偏重於船舶來源之污染，其他來源之污染的損害賠償責任是否直接援用民法「侵權行為」之法律加以規定，亦有待釐清。

八、有關罰則之規定

本法第八章之「罰則」中規定了「刑罰」與「行政罰」之處罰法源，且在罰金上創下我國有史以來最高的金額（1億元以下，本法第三十六條可資參照）。這在附屬刑法上確屬新例，唯在許多其他法律「除罪化」之趨勢及執法可行性之判斷上，主管機關與司法機關是否真能藉此一設計達成本法之規範目的，值得觀察。

由上述幾項議題之討論可知，「海洋污染防治法」除了在海洋環境保護之另一面向—海洋資源保育上完全付之闕如外；大體而言，其設計架構係朝整合當前海洋污染防治之法制而努力。然許多條文由於欠缺足夠資料，尚難評斷其可行性。所謂「徒法不足以自行」，主管機關似應在本法施行過程中隨時檢討，並加強執法的能力與決心，始可能收本法最大之效用。

第三節　國際漁業管理趨勢之轉變與我國之因應措施

漁業開發利用海洋資源，對海洋生物多樣性的影響層面最為深遠。魚類為可

172

自律再生性資源，適當的保育與合理的開發利用，可維護海洋生物的多樣性及整個海洋的生態系統，使資源得以永續利用。聯合國糧農組織（FAO）統計 2004 年全球漁產量，海洋漁撈產量為 8,724 萬公噸，近年來平均年生產量在 8,500 萬公噸，已呈現停滯狀態；反之，養殖漁業產量仍在大幅增加。依 FAO 長期趨勢研究結果顯示：全球海洋漁業資源約 50% 已充分利用；25% 已過度捕撈；25% 仍有開發利用的空間。調查也顯示，全球海洋漁獲量的增加，主要是漁獲努力量的增大，並已超過可持續的生產量。因此，海洋漁業資源之利用已近飽和。近數十年來，通過許多項有關海洋管理及生物多樣性之規範，例如 1982 年聯合國通過的「海洋法公約」、1992 年的「生物多樣性公約」、1993 年 FAO 通過「促進公海漁業遵守國際養護與管理措施協定」、1995 年聯合國通過「履行 1982 年聯合國海洋法公約有關養護與管理跨界洄游魚種相關條款協定」、1995 年 FAO 通過「責任制漁業行為準則」、1995 年 FAO 通過「京都宣言」、1999 年 FAO 通過「管理漁撈能力的國際行動計畫」及「保育與管理鯊魚之國際行動計畫」與「減少鮪釣漁業意外捕獲海鳥之國際行動計畫」、1999 年通過「羅馬宣言」。該等國際規範為透過海洋保護區、休漁、配額、加強船隊控管等，來解決漁業資源過度捕撈的問題，進而確保海洋生物的多樣性。21 世紀此一趨勢仍持續發展中。

國際海洋漁業之管理情勢蛻變，國際社會殷望開發各項海洋漁業資源，且漁撈國在取得海洋資源的同時，並課以管理及保育的責任。而從上述宣言、協定、準則及公約中得知，如何確保海洋漁業資源的永續經營，已成為未來發展的趨勢。其中在公海漁業的部分，將由區域性國際漁業組織共同管理。而國際漁業管理組織為確保有效執行其通過之保育與管理措施，逐漸扮演重要的管理及仲裁角色，紛紛實施漁獲配額分配、漁船監控、管制及監測規範、貿易認證制度、漁船登錄制度及貿易制裁等管理措施，據以要求會員國加強執法。對於未配合執法者，不但不能得到漁獲配額，且將遭漁獲物之貿易制裁，以達公海漁業資源永續利用的目標。

近年來，因公海上的權宜國籍漁船從事非法、無報告、不受規範（IUU）的漁業活動持續增加，已嚴重減損漁業資源，並引起國際社會的關切。因此，1992 年聯合國糧農組織漁業委員會（COFI）在其第 23 屆會議，決議要求擬訂全球性之 IUU 國際行動計畫，呼籲相關國家採取各種措施，共同抵制 IUU 漁船作業。其中除了要求船旗國必須管理其漁船外，更要求市場國、港口國及沿岸國都必須共同採取相關抵制措施，甚至擴及國民有涉入 IUU 漁業行為而獲利者，無論所使用的漁船船籍為何，或所經營的法人公司是設在其他國家，都要受其所屬國家的管理與懲罰。至此，傳統國際法的船旗國專屬管轄原則，已實質遭到衝擊而質變。

臺灣地區四面環海，海岸線長約 1,500 多公里，島嶼 70 餘座。臺灣東岸面臨太平洋，岸高水深且有黑潮暖流由南向北流動，為迴游性魚類必經之路；西側臺灣海峽有平坦的陸棚，陸上河川所帶來的營養鹽，形成豐富的底棲生物資源，為魚、介、貝類良好的繁殖棲息地。因此，加強海洋的發展，絕對是臺灣未來努力的方向。但若臺灣未能注意國際上對於海洋資源管理的決心與做法，而自外於國際社會，甚至挑戰國際上對於海洋管理的制度與規範，將遭到國際社會的制裁，最後將無法實現「海洋國家」的理想。

本章摘要

本章的重點，在探討海洋資源的開發管理的相關法律規範。在眾多相關法律規範中，本章首先以「聯合國海洋法公約」為例，該一公約是在 1994 年生效的一部國際法，有「海洋憲章」之稱，堪稱是目前有關海洋事務最全面和權威的國際法。依據該一公約，無論在國家管轄之海域或國際海域，國家均須有合適有效的法規與執法方能將海洋資源進行有效的管理。其次，本章探討我國海洋污染防治法的演進和內涵，再次討論國際漁業管理的新規範和我國因應之道，作為從國際到國內，有關海洋環境與資源保護互動法制體系研討之參考。

問題與討論

1. 試述聯合國海洋法公約的基本概念與重點。
2. 試述我國海洋污染防治法的架構和重要理念。
3. 在國際漁業日趨嚴格管理下，我國對於海洋資源保育應該有何強化之作為？

參考文獻

中華民國海運研究發展協會，我國海域防治船舶污染公害之研究，臺北，1990 年。
維基百科，聯合國海洋法公約，http://zh.wikipedia.org/wiki/%E8%81%AF%E5%90%88%E5%9C%8B%E6%B5%B7%E6%B4%8B%E6%B3%95%E5%85%AC%E7%B4%84

第十一章 海洋資源環境保護的課題與對策

　　自然資源是人類社會賴以生存的物質基礎。人類社會的進步更是依賴自然資源之開發利用，海洋資源也不例外。由廣義的角度，海洋資源包括了「生物資源」和「非生物資源」兩大類，前者包括水產和其他生物資源與利用活動（如賞鯨），後者則包括燃料和動力（如海洋能、風能、太陽能與其他礦物等）。

　　自然環境中存在的某種自然物，如果技術上不能開發和利用它，或者無法探勘和發現，是不成其為資源的。假若在技術上能夠發現，也能夠開發和利用，但是由於管理不善，資源的浪費大、利用低，經濟利益不高，沒有得到充分利用，其價值就被貶低。因此，自然資源雖然是社會財富的泉源，但要真正使其變成財富，還必須提高社會生產技術和管理制度，亦即把資源—技術—經濟三者統合思考，才能使自然資源充分發揮其作用，產生永續的利益。

第一節　永續漁業

　　由於海洋與國家利益關係的多樣性和特殊，對國家接連的管轄海域及其資源，一般都實行國家所有並管理。國家擁有管轄海域一切物質資源和空間占有的處分和保護權利，但，海洋資源的具體開發利用卻不能、也不宜由國家來進行；必須在所有制不變的原則下，鼓勵個人、團體，甚至境外法人等在我國管轄的海域從事資源與空間的開發利用活動。資源開發的放開，一方面須要管理部門加強申請和監督管理，做好生產規劃、建立良好的海域開發秩序；另一方面，各開發組織者、實施者必須承擔資源與環境保護的義務和責任。

　　臺灣海洋生物資源的利用，以沿岸、近海及遠洋漁業作區隔，數十年來海洋漁業對臺灣整體經濟作出重要的貢獻，但也對生物多樣性形成衝擊。臺灣漁業過去數十年來發展快速，近年來海洋漁業生產量約 90 萬至 110 萬公噸，2005 年海洋捕撈業中遠洋漁業 72.7% 所占比重最大，近海漁業占 21.2%，沿岸漁業僅占 6.1%。臺灣沿岸漁業指在 12 浬內作業之漁船，作業多屬小型船筏，船數近 2 萬

艘,有過多漁獲努力量追逐稀少資源之狀況;近海漁業作業水域在 12 浬至 200 浬範圍內,約 4000 艘在有限的漁場區域作業,依然有過度開發狀況;遠洋漁業在我國經濟海域外作業,包括在公海作業及其他國家專屬經濟海域(EEZ)入漁的漁船有 3000 艘,以鮪延繩釣及圍網為主體的鮪漁業,以及魷釣漁業與秋刀魚火誘網漁業等,目前我國已被列為世界六大公海捕魚國之一,鮪類及魷魚產量均名列前茅,但受到鮪類及類鮪類等高度洄游魚種納入區域及次區域漁業管理組織的高度關切。就趨勢而言,沿近海受限資源,已無開發空間;遠洋漁業在 80 年代迅速竄升,卻也造成後續管理面之困擾。

海洋漁業資源的不利因素很多,以過度捕撈最受到重視,另外包括棲地破壞、污染、電毒炸魚與非法、未報告、未受規範(illegal, unreported, unregulated, IUU)等不當捕撈行為、意外捕獲、外來種引入及全球氣候變遷等為主。

臺灣漁業過去注重生產的型態,造成漁船筏數量急遽增加,沿近海漁業資源減少;公海也在各國競相捕撈下,漁業資源岌岌可危,使得海洋漁業資源生物多樣性降低。茲將主要不利海洋生物多樣性部分說明如下:

一、沿近海漁業資源的過度利用

臺灣沿近海漁船過多與捕撈技術的進步,已造成沿近海域漁業資源相當大的衝擊。臺灣沿近海由於船筏數有 2 萬 4 千艘,在漁場有限狀況下,形成資源過度開發,尤其是拖網等積極性漁法造成海床珊瑚礁之破壞,致生態系受到嚴重的衝擊;而網具類漁船(筏)數量多,漁獲效率較高且較無選擇性,對沿近海漁業資源及生態環境的影響較大;部分漁民以影響生計為理由,未能接受保育觀念,也造成魚群數量及種類的減少。另一方面,漁民對法規認知不足,違法電毒炸魚及拖網違規作業等事件仍然無法禁絕,加上責任制漁業未受重視,造成沿近海漁業資源魚體小型化及大型魚數量日漸稀少的結果。依據世界經濟論壇公布的「2006年環境績效指數」評比結果,臺灣在「生物性自然資源」部分,因過漁等原因,在 133 個國家中排名第 128,值得深切檢討。

二、遠洋漁業不當捕撈行為

臺灣為重要的遠洋漁業國家,由於船隊擴充的結果,在漁場及配額不足情形,管理制度、守法精神都受到國際社會質疑。而業界未能體會國際環保潮流,不斷擴張大型我國大型鮪釣漁船及圍網船;在各大洋漁業資源逐漸枯竭狀況,加上國際環保意識高漲,形成多項國際公約協定限制及區域漁業組織主導資源養護

管理的狀況。雖然我國生產鮪魚生產成本較低，替代了日本國產鮪魚在日本市場的許多份額，卻導致日本國內經營者的反彈；而部分我國漁船提供我國漁業證明書予他國或 IUU 漁船使用從事洗魚行為，在國際社會造成負面印象；另國人經營之外國籍漁船及在國內造船輸出，未符合國際規範，被誤認為我國漁撈能力之擴張，使我國遭到國際譴責權宜（FOC）船過多及從事 IUU 漁撈行為；遠洋漁業多種不利環保的做法，儘管我國政府提出減船及多項保育措施，還是無法避免 2005年日本提案，使大西洋鮪類保育委員會（ICCAT）限縮我大西洋大目鮪配額之情況；而小型鮪釣漁船及鯊釣漁業管理鬆散，也成為國際與輿論攻擊目標。

三、意外捕獲及混獲

由於海洋哺乳類等稀少性物種，在漁撈作業過程若未採行防避措施，將造成物種死亡；同樣的非對象魚種或小型未成熟魚被當成下雜魚或廢棄物處理，形成「混獲」及「棄獲」的「誤捕」問題。常見延繩釣及拖網漁業作業所混獲（bycatch）以及意外捕獲（incidental catch）較受關注之物種，包括鯨豚、鯊魚、海鳥、海龜等，另外意外混獲其他非目標物種的問題，也同樣不利於生物的多樣性。尤其鯊魚割鰭棄身在國際上已引起極大爭議，我國鯊魚漁業發展歷史由來已久，沿近海漁船對於鯊魚之利用相當徹底，屬全魚利用，至於非以鯊魚為對象捕獲魚種之遠洋漁船，則不排除仍存在割鰭的情形。在海鳥混獲方面，目前南半球的信天翁由於資源數量銳減受到國際保育團體的關切；在我國現有之延繩釣漁船中，約有 17%（下鉤數比率）會至南緯 30 度以南作業，至南緯 40 度以南作業比率則低於 0.1%；海龜混獲方面，我國沿近海混獲海龜之比率低，至於公海延繩釣混獲海龜之問題，據研究數據顯示數量極小；在鯨豚及鯨鯊部分，目前在法令限制下，遭到漁獲的比率已降低許多。

四、海域污染及棲地破壞

臺灣沿岸海域的過度開發，工業及家庭廢水排入海洋，或未作好水土保持工作，加上油污公害及重金屬污染，另外底拖網摧毀許多經濟性魚苗孵育、成長及庇護的棲息地，造成海洋生態浩劫及棲地環境的破壞。海洋污染含來自陸上、海洋活動及大氣，陸上污染海洋有河流排放的污水、工業廢棄物，以及沿岸管道排放污水、食品加工廢棄物、工業廢棄物、放射性物質，另外農業用水排放的農藥、肥料也造成影響；在來自海洋活動的污染方面，有船舶排放污水、食品加工廢棄物、工業廢棄物、浚疏物質，也有載貨油、船沖洗的任意污染，船舶事故污

染的石油及其他有毒物質也是污染源,海底資源勘探也產生石油、天然氣、礦物等之有害物質;而大氣中揮發性化合物和微粒燃燒生產物、農藥、放射性等物質,也不利海洋生物。由於沿海過多漁港及海岸線過多的人工建設,消波塊如同變色的珍珠項鍊,造成海岸過度水泥化;而消失的海岸溼地,在海岸水泥化後,不但阻絕人們親海的權利,也使潮間帶生物消失,亞潮帶生物無法完成其生活史;加上不當或過度之遊憩活動,也對海洋生態造成打擊。而工商業快速發展,環保工作未落實,大海仍然是污廢水的最終處理場,導致海洋生物的重大傷害。

五、永續漁業的對策

為使漁業永續發展,應加強各項資源管理措施,以維護海洋生物多樣性。為確保漁撈活動對生物資源或其環境不會造成明顯的負面影響,需以生態系導向進行漁業管理,在開發利用漁業資源之同時,課以管理及保育的責任,以確保漁業永續發展,以下係政府積極的作法:

(一)減少漁撈強度

為保育海洋漁業資源,漁船限建、減船、休漁及改良漁撈方法皆可減少漁獲努力量,有利生物多樣性。推行漁船汰建,管制漁船增加,收購漁船,縮減漁業規模及輔導轉營娛樂漁船,甚至獎勵休漁,皆能讓漁業資源有休養生息的機會。漁船限建部分,1967 年實施 300 噸以下拖網漁船汰建制度,1989 年所有漁船全面汰建;收購漁船部分,已收購 2,874 艘漁船筏(漁船 2,781 艘;漁筏 93 艘);共計 14 萬噸;在 2006 年底前也將減少遠洋漁業大型鮪延繩釣漁船 160 艘。在漁船汰建制度方面,目前實施漁船限建,需舊有漁船滅失後始得建造新船,以限制總船數、總噸數,並限制大船總數,漁船輸出後,其國內汰建權利由政府收回,以控制漁撈能力。自願性休漁部分,2003 年度核准 5,620 件,核發休漁獎勵金8,060 萬元;2004 年度核准 7,031 件,核發休漁獎勵金 9,644 萬元;2005 年度核准 7,375 件,核發休漁獎勵金 1 億 354 萬元。整體而言,船隊規模與配額相稱、強制休漁或汰建等制實施,就政策立場也有調整產業結構,落實漁業資源保育目的。

(二)參與國際組織與推展漁業合作

為了加強漁業資源養護及管理積極參與國際組織,推展國際漁業合作,並落實漁業資源保育國際規範。我國派員參與中西太平洋漁業委員會(WCPFC)、北

太平洋鮪類國際科學委員會（ISC）、南方黑鮪保育委員會（CCSBT）、美洲熱帶鮪魚委員會（IATTC）、大西洋鮪類保育委員會（ICCAT）、印度洋鮪類保育委員會（IOTC）等區域漁業管理組織，提供我國漁獲統計資料、科學研究成果及漁政管理經驗；

　　政府近年來亦積極輔導業者尋求與沿岸國家漁業合作，迄今合作國家遍布三大洋之沿岸國家，計有 22 國，入漁鮪漁船有 700 餘艘次，著眼於促進共同養護管理及合理利用資源，永續產業發展。

（三）加強遠洋漁業資源養護及管理

　　以漁船監控管理及漁獲限制，落實資源養護為主。在漁獲統計資料蒐集方面，定期向區域漁業管理組織提報其我漁船在各洋區水域內之漁獲統計資料及相關資訊，以利進行資源評估，並決定總容許捕獲量（TAC）及漁獲配額。針對黑鮪、大目鮪、長鰭鮪、黃鰭鮪及劍旗魚主要魚種等，設定最小魚體體長或體重捕撈限制，如捕獲較設定限制為小者，應即拋入海中，確實保護資源。另在目標魚種分佈劃分作業漁區，漁船僅能在所登記之漁區內作業，不得越區，更不得跨越其他洋區作業；另外也建立漁船白名單及黑名單，使漁船能合法作業。在推動漁業「監測、管制與偵察」（MCS）措施方面，建立管理區域內公海上作業漁船的巡護及登臨檢查制度，並要求漁船安裝監控系統，以管控追蹤漁船作業動態，並派遣觀察員至漁船進行海上觀測及漁獲資料蒐集。漁船自願進入他國港口，港口國得檢查漁船上之文件、漁具及其漁船上的漁獲物，尤其針對被認定 IUU 之漁船，檢視有無違反區域漁業管理組織通過之養護與管理措施；如有違反，區域漁業管理組織將授權相關國家的主管當局，禁止其裝卸與轉載。在防制 IUU 規範上，訂頒「漁船輸出許可準則」管制外籍漁船在我國建造，加強建造外籍漁船之事前管理，以防杜我國人利用權宜漁船擴增漁撈能力，並避免國際組織將違反相關保育措施及將漁撈能力過量問題歸責我國；另外也對金融機構行政指導，以審慎核處新建造權宜國籍大型延繩釣漁船貸款。

（四）推展責任制漁業

　　經營漁業必須擔負資源保育管理責任，兼顧生物的多樣性。在漁船證照管理上，建造漁船事前需經漁政單位核准，建造完成取得船舶證照後，經漁政單位核發漁業執照，始得經營漁業。漁船赴國外基地或沿岸國家入漁，另需申經漁政單位核發國外基地作業證明書。在漁業資料蒐集方面，規定漁船填報漁獲日誌，包

含下鉤數、作業地點、船位及漁獲量等，航次結束後應繳交漁獲日誌，且意外混獲資料也應填報於漁獲日誌中。另外漁船應按月經由臺灣區遠洋鮪漁船魚類輸出業同業公會彙整速報漁獲重量，以供漁政機關查核及掌控漁獲配額。也派遣漁業科學觀察員隨船出海執行蒐集漁船每日作業情形與目標魚種、混獲生物之漁獲資料，針對部分生物作採樣、體長及體重之量測，並建立資料庫以利後續生物學之研究。

（五）混獲及誤捕管理

為了降低混獲及誤捕海洋生物，配合改良之漁撈方法及訂定規範，進行資料蒐集及研究，並積極進行教育宣導。為避免遠洋延繩釣漁船意外捕獲海鳥，要求在南緯 30 度以南作業之漁船必須裝設防鳥繩；另依野生動物保育法，將綠蠵龜、赤蠵龜、玳瑁、欖蠵龜和革龜等五種海龜列為瀕臨絕種保育類動物，並在澎湖縣望安公告海龜保護區；另在 1995 年之保育類野生動物名錄中，將所有鯨類列為保育類野生動物。漁業署也訂定鯊魚保育與管理國家行動計畫（IPOA-Sharks），強化鯊魚資料蒐集、研究、資源評估、教育推廣及國際合作。自 1995 年起委請學者專家投入意外捕獲物種之各項研究，並自 2001 年開始派遣觀察員 6 位隨船出海，蒐集遠洋延繩釣漁船意外混獲物種之情形於 2003 年起在遠洋鮪延繩釣漁船作業報表（logbook）鯊魚類欄改為水鯊等 4 種欄位並隨附其圖片，並增列海鳥、海龜、鯨豚等混獲物種調查欄位，要求船長詳實填寫。在印製常見混獲之鯊魚、海龜、海鳥辨識墊板方面，自 2000 年開始每年函請相關單位，加強向漁民宣導禁止鯊魚割鰭棄身之行為。另外也印製海鳥及海龜辨識墊板等相關保育宣導書籍、文宣摺頁等，供業者及漁民妥善處理。為了與相關國家專家就海鳥及海龜意外捕獲問題交換意見，於 2000、2002 年派遣專家學者參與國際漁業論壇；另派員參與第 12 屆華盛頓公約（CITES）及 2002 年在臺北舉辦國際鯊魚研討會，邀請國內外專家學者及環保團體，凝聚對鯊魚資源保育及永續利用之共識。為保育亞太地區鯨鯊資源，也在 APEC 第 14 屆漁業工作小組會議，與美國等國家共同合作進行研究計畫。

（六）資源保育措施

設置人工魚礁、海洋牧場，並進行種苗放流，以及魚種、漁具、漁法及漁期之限制禁止，皆為重要的保育措施。為了創造魚類棲息場所，自民國 63 年至 94 年止，已設置人工魚礁區 86 處，投放各型魚礁約 180 萬立方公尺。為增裕漁業

資源，自民國 67 年至 94 年底共計放流高經濟價值魚貝介苗達到 1 億 5 千萬尾（粒）。目前在宜蘭東澳及澎湖內垵設有海洋牧場，另外海中造林（海藻場），投設人工魚礁改善漁場環境，皆為有效保育措施。另外研訂的保育與管理措施包括：「禁止未滿 50 噸拖網漁船距岸 3 浬內作業及禁止 50 噸以上拖網漁船距岸 12 浬內作業」、「網具類漁船禁止進入人工魚礁區之禁漁區」、「6 月至 8 月禁捕魩鱙之禁漁期」、「公告燈火漁業禁漁區」等漁具漁法限制；為了維持作業秩序及遏阻非法捕魚行為，包括體長限制、鯨鯊通報及總量管制等漁獲量限制，以及派遣巡護船在沿近海及遠洋加強巡邏，以取締違規作業漁船。

（七）海洋保護區

為了保護棲地，劃設海洋資源保護區為有效之方法之一。生物多樣性高的珊瑚礁、紅樹林及潟湖，以及瀕危、關鍵及經濟性之重要物種的繁殖、孵育及棲地，規劃設置保育區；另外對人為干擾少、潛力大及資料不足的海域，也應保留並作長期監測。主要著眼投放保護礁及劃設海洋保護區，目前有萬里及基隆等 24 處漁業生物資源保護區，保護的生物包括龍蝦、九孔、紫菜、石花菜、草蝦、斑節蝦、紅尾蝦、鐘螺、海膽、珍珠貝、西施貝、文蛤、血蚶、泥蚶、魁蚶、毛蟶、淺蜊、雞冠菜等。另外規劃的海洋保護區為八斗子、龜山島、澎湖青灣、綠島、蘭嶼、小琉球等。

（八）漁業多元發展與宣導

為配合國人對休閒遊憩之需求，積極輔導傳統漁業朝休閒、觀光、教育文化及保育宣導等多元化發展，有效增加漁民收益，並降低對漁業生產之依賴度。目前主要發展休閒及娛樂漁業，休閒漁業運動休閒型包括：船上釣魚活動、磯釣、灘釣、塭釣、海釣場、潛水、沙灘活動；體驗漁業型有：牽罟、石滬、漁村生活體驗、參觀定置網、箱網養殖、民宿、捕魚介貝類；生態遊覽型為：賞鯨豚、逛海、漁人碼頭、紅樹林、潟湖、潮間帶、養殖生產區、藍色公路；漁鄉美食型則為：觀光假日漁市、漁特產直銷中心、海鮮料理中心、漁村特色小吃；文化教育型是：魚苗放流活動、漁業文物館、海洋生物水族館、彩繪漁村、漁村廟會祭典。漁業生產在社會、人文及教育之提供多元價值，資源保育宣導教育亦是重點工作；民國 94 年漁業署培訓漁業資源保育種子教師 271 人次，並編印各式漁業資源保育宣導品，刊登各類宣導廣告，主要在建立全民漁業資源保育之觀念與共識。

（九）海域生態及環境監測

　　建立海域生態及污染監測系統，杜絕污染源，減少過度開發，才能維護海洋生態系統。目前監測工作尚須各部會分工合作，透過沿近海水域的水文、水質及生態指標資料的蒐集與分析控制，包括水溫、營養鹽、浮游生物、有毒有害物質、濁度、沉積物、海平面、陽光、生物相等，確實掌握海域生態品質之變化，並監控污染物的不當排放，除了可採取補救措施外，也可作為公害補償之依據。而過多的漁港及消波塊等人工建築物造成生態及景觀之破壞，目前漁港已不再投資興建，主要以維護漁船作業安全為考量，未來應思考移除不適人工建築，以回復海域原貌。

第二節　海洋生物多樣性

　　1992 年在巴西里約熱內盧所召開的聯合國環境與發展大會中除通過關於環境與發展的「里約宣言」以及「21 世紀議程」之外，更為了要將上述兩宣言的原則化為具體行動，而通過「生物多樣性公約」。此一保護全球陸地與海洋生物多樣性的新公約，已於 1993 年 12 月生效，且目前為止已有近 180 個國家或國際組織加入支持該項公約，並有 66 個國家或國際組織簽署了「生物多樣性公約」的「卡塔赫納生物安全議定書」。

　　「生物多樣性公約」第一次締約國大會根據公約第五條「應對國家管轄範圍以外地區進行合作」之規定，而授權由科學、技術與工藝諮詢附屬機構（Subsidiary Body on Scientific, Technical and Technology Advice，簡稱 SBSTTA）籌備訂定有關海洋和沿海生物多樣性的五項方案，該方案進而在雅加達召開的第二次締約國大會被議決通過成為第 II/10 號決議案，稱為「海洋和沿海生物多樣性之雅加達委託方案」（Jakarta Mandate）。該方案的主要內容是對於整體海洋和沿海生物多樣性的養護與永續利用訂立一總體目標，該目標總共分為整合海洋與沿海區域管理、建立海洋與沿海保護區域、永續使用海洋與沿海生物資源、培育水生動植物、外來物種等五個方案主題，其發展要點臚列如下：

1. 整合海洋與海岸地區管理（Integrated Marine and Coastal Area Management，簡稱 IMCAM）

　　有鑑於目前對於海洋與海岸資源管理享有權利之國家並不是均有能力養護海洋與海岸生物多樣性，因此除了要改變各國環境管理規劃者注重使用之外，提出

一種包含預防措施與生態管理原則等適合的環境管理模式就成為各國所需面對的課題，而 IMCAM 將是一個可以增加參與者預防、控制與減低人類在海洋或海岸活動所產生之負面衝擊，以及致力於恢復退化之海岸地區決策過程的機會。因此包括資源擁有者、管理者與使用者、非政府組織及一般大眾等擁有公私資源的決策者均是參與者。而此一植基於社會全體的管理模式已經被進一步證實它的潛力與重要性，因此整合管理計畫不論是在已開發或開發中國家均被視為是一有效的工具。再者，IMCAM 的重要內容尚包括海岸地區採礦與施工、水中動植物的栽培、紅樹林管理、海洋休閒娛樂、漁業與海岸相關活動等所造成之自然界變化與生存環境破壞或退化，進行恢復海洋生物資源物種的培育與追蹤防止產卵棲息地之退化。除此之外，締約國大會更要求秘書處選定發展 IMCAM 的區域與國家層級。為此，「生物多樣性公約」秘書處已經提出「海洋與海岸生物多樣性之三年期計畫工作」，秘書處將依此計畫提出生態影響評估之發展準則，以查明人類與自然之影響關係。

2. 建立海洋與海岸保護區域（Marine and Coastal Protected Areas）

「雅加達委託方案」中規定為顧及「生物多樣性公約」之目標，應在 IMCAM 架構下，對於海洋生物資源惡化的棲息地，選定海洋與海岸保護區進行重要的法律規範與約束，且此規範應強調保護生態機能與特定物種之生存。在各國與區域間均致力於促進 IMCAM 的背景下，連結海洋與海岸保護區、其他養護區及生態保留區，與習慣國際法採取相同之步調，對於不同層面的養護管理海洋與海岸生物多樣性資源，提供有用的與重要的管理工具。

3. 永續使用海洋與海岸生物資源（Sustainable Use of Marine and Coastal Living Resources）

著眼於世界漁業資源以及紅樹林、珊瑚等物種因過度開發所面臨之耗竭，在社會利益與生態完整兼顧的方式下，全面達到養護與長期使用海洋與海岸生物資源的目標。「雅加達委託方案」中即提出應立即擴展對單一物種在生態原始過程（process oriented）的調查評估，並在此基礎上研究生態發展過程與機能，以查明生態學所面臨危機的過程。希望藉由跨學科之專家小組的發展研究模式，對於永續使用海洋與沿海資源有所幫助，並在未來進一步適用在永續使用陸地與海岸資源的發展上。

4. 海洋養殖（Mariculture）

水中動植物即包括海草、蚌類、牡蠣、小蝦、明蝦、鱈魚與其他魚類等。水生動植物的人工培育雖可持續提供豐富的蛋白質並促進當地社會之經濟發展，卻

也導致自然棲地的退化或滅絕、抗生素或營養劑在水生動植物的濫用、意外引進外來物種而與當地物種產生置換、運用生物科技導致遺傳基因的改變等結果。「雅加達委託方案」則提出各國有責任採取預防措施，對於引入外來物種較多之地方進行評估與監測計畫，並應優先鼓勵培育本土物種，同時發展有效的圍堵技術。締約國應以增加物種數量及規劃海洋牧場之行動來提倡與改良本土海洋物種的遺傳構造知識。顧及飼養種群在遺傳與生態學上之互相影響，應根據合理的遺傳原則與考慮本土物種數量上的選擇等知識，使用在繁殖物種上的管理，透過頻繁的養殖廣泛的將物種數量恢復過來。

5. 外來物種（Alien Species）

外來物種的侵入是一項嚴重的國際問題，其影響所及不只是生物的多樣性被破壞，對人類與動物的健康以及農漁業也都會產生負面的影響，且外來物種的侵入也將使風險評估加入更多不確定的因素。在「生物多樣性公約」第八條第 h 款中就表示締約國應儘可能防止引進、控制或消除那些威脅到生態系統或物種的外來物種。而在現行撲滅與控制海洋與海岸環境中之外來物種，以避免影響生物多樣性最有效的技術就是嚴格阻止外來物種之引入。因此「生物多樣性公約」秘書處在「海洋與沿海生物多樣性之三年期計畫工作」中，將完全解決外來物種對於生物多樣性所帶來之衝擊、查明現行法律文件或公約對於防範外來物種之漏洞，以及建議在締約國國家報告中增列因引入外來物種所引起之事故之「突發事件清單」（incident list）等三個項目列入三年期工作計畫之完成目標中。

國際間目前已經有 100 多個國家完成或著手制訂國家生物多樣性策略與行動計畫，這也是全球第一次對自然資源管理進行綜合性並且範圍廣泛的規範。但從過去幾份研究報告顯示，人類的活動仍快速的毀壞海洋生物多樣性，例如深海生物多樣性的一般課題，以及在國家管轄範圍以外的深海底和公海中的基因資源等具體問題，均引起重大的關切。它們不僅涉及保護和保全海洋環境，而且涉及適用海洋科學研究制度、養護和管理公海生物資源的責任及一般養護與永續發展利用海洋生物多樣性等事項。基此，國際社會除了在實現「生物多樣性公約」的目標積極發展外，更經由聯合國達成一些基本的共識，內容包括：

1. 透過教育方案與宣傳進一步提高公眾對海洋生物多樣性重要性的瞭解；
2. 迅速制訂執行保護和持久維護生物多樣性的國家策略方案；
3. 考慮做出適當安排以獲取基因資源，和公平公正地分享由這些資源所產生的利益；

4. 成功落實機構間合作之概念，儘量達成各種合作備忘錄或區際合作方案，例如各種區域海洋方案以及陸源海洋污染全球行動計畫等聯合工作方案；

5. 徹底發揮全球環境基金的功能，並且對解決具全球指標性和重大意義的海洋環境問題做出寶貴貢獻。

　　我國可配合國際公約與國際行動之作為，應該有下列幾項：

1. 制訂臺灣海洋生物多樣性評估標準和保護規範，編制臺灣海洋生物名錄，對瀕危物種的現狀進行調查與系統研究；

2. 加強自然保護區外之海洋物種的保育，並進一步制訂中華民國海洋生物多樣性保護管理條例，保護普及或本土稀有之海洋物種；

3. 建立海洋生物多樣性資訊與監測系統，開展本土海洋生態物種的長期監測，進而與世界相關之海洋生態資訊監測系統組織連結；

4. 積極展開海洋生物多樣性的國際或區域合作交流，在海洋生物多樣性的科學研究、技術開發轉讓、人員培訓等領域進行政府間或非政府組織之合作，以另一種形式擴展我國外交空間。

第三節　21 世紀議程相關策略

　　1992 年在巴西舉行的「聯合國環境與發展會議」（United Nations Conference on Environment and Development, UNCED），又稱「地球高峰會議」，可說是人類有史以來針對地球保護最重要的會議之一，這次會議所公布的的「21 世紀議程」（Agenda 21）雖非法律性的文件，卻具有國際公認與普及的宗旨目標之約束力，應為各國政府所不能忽視之綱領。

一、海洋環境的重要性

　　依據 21 世紀議程，「海洋環境」（Marine environment）被定義為由「所有海、洋和海岸地區所構成的整體」；海洋環境不但是「地球維生系統不可分割的一部分」，同時也是「人類永續發展機會所在的珍貴資產」。由於海洋提供人類多方面的功能，沿海地區因此成為經濟、社會和文化最為發達，以及人口最為密集的地區。包括濱海陸地和近岸海域的「海岸地區」（Coastal zone），亦即由離岸度不遠的陸地和大陸架所構成的區帶，由於營養來源豐富，水溫陽光適當，孕育著無數的生物，也成就了漁業捕撈和養殖的盛況。

二、議程的海洋保育策略

21 世紀議程的第 17 章內，提出了許多海洋保護和永續利用的對策。本章的主要內容，包括：海岸地區之整合管理與永續發展、海洋環境之保護、公海海洋生物資源之永續利用與保育、海洋環境與氣候變遷不確定性之研究、國際合作與協調，以及島國的永續發展等六大項重點。在這些策略架構下，世界各國均有責任，朝此共同目標做出貢獻。其中，海岸地區（含專屬經濟區）之綜合管理與永續發展部分，特別重要，議程中要求各國應提供一個整合性的政策與開放的決策過程，以納入所有領域、部門和意見；同時提升各項使用之相容性，評估海岸開發的影響，做好海洋管理計畫，以減低衝突性，擴大人類之福祉。

有關海洋與海岸管理部分，議程第 17 章規範如下：

1. 海岸地區（含專屬經濟區）之綜合管理與永續發展：為了達到此一目的，各國應提供一個整合性的政策與開放的決策過程，以納入所有部門；同時應提升各項使用之相容性，評估海岸開發的影響，作好海洋管理計畫。

2. 海洋環境之保護：依據海洋法公約，各國必須允諾訂定法規、採行必要措施，以預防、減少及控制海洋環境的惡化；為達成此一目標，海洋環境之保護除應評估各項活動的負面影響外，並應納入環境、社會與經濟發展的政策中。各國並應研提經濟誘因，應用清理技術與污染者付費原則，改善海岸生活品質，從而和緩海洋環境的惡化。對於海域及陸域廢污的排放，均應併同重視，嚴格管制。

3. 公海海洋生物資源之永續利用及保育：各國應盡其可能，開發並增進海洋生物資源的潛力，維持及復育海域生物，有效監測管制漁業活動，保護瀕臨絕種海洋生物、保存棲息地及敏感地帶，加強國際及區域合作、並進行科學研究。

4. 海洋環境與氣候變遷極度不確定性之因應：各國應推動科學研究，有系統觀測海象與氣象變遷，並進行國際合作與資料交流，精進相關科技，以探討全球變遷的影響。

5. 國際與區域合作、協調之強調：各國應結合相關部門的活動，參與聯合國計畫，定期舉行區域或政府間會議，與採行適當之國際或區域的合作，協調統合各國力量，共同執行海洋管理計畫。

6. 小島之永續發展：各國應進行小島特性與資源的研究調查，確定其生態承載量，同時支持並採取海洋、海岸永續發展的計畫，運用有效措施與技術，克服島嶼的環境變遷，減低海洋及海岸資源的負面影響。

第四節　海岸濕地保育

　　濕地指陸地與水域間經常或間歇被潮汐或洪水淹沒的土地，不但是「水」、「土」交界的重要推移區，也是地球上生產力最豐沛的生態系統。濕地含括了淡水、半鹹水及鹹水的沼澤、草澤、林澤、河口、埤塘、低窪積水區和潮汐灘地等，對於生態與環境具有多樣化的功能，國際間對於濕地的保護管理十分重視。

一、消失中的濕地

　　近半世紀來，世界各國由於人口增加及工商發展等諸多因素，傳統上被視為蚊蚋叢生、荒廢無用的濕地，因而面臨了填土造地、農漁發展和廢棄物掩埋等種種危機。依據美國內政部魚類及野生動物署（Fish and Wildlife Service, FWS）估計，過去 200 年來，美國原有 221,000,000 萬英畝的濕地，至 80 年代僅存 100,000,400 英畝，損失率高達 53%，主要損失為農耕排乾及其他相關活動所造成。為了保護濕地，很多國家都紛紛立法。例如，美國新澤西州通過了「海岸濕地保護法」，韓國也公布了「濕地保育法」，皆為值得參考的經營管理模式。臺灣近年來在西海岸大規模填海，估計至少已經毀損了一、二萬公頃的潮間帶，這些潮間帶都屬於「濕地」。由以上是實例可以瞭解，濕地的破壞已經是世界各國共通的問題，而海岸濕地的保護密切關係到海洋與海岸生態體系，更為各國所關切。

二、濕地的定義與功能

　　濕地（wetlands）是什麼？眾說紛紜。迄今有關濕地的定義，已不下 50 種之多。其中，涵義最廣，且普遍為國際間所使用者，當屬 1971 年間於伊朗拉姆薩簽訂的「特別是針對水鳥棲息地之國際重要濕地公約」（Convention on Wetlands of International Importance, Especially as Waterfowl Habitat of 1971），簡稱「拉姆薩公約」（Ramsar Convention）。拉姆薩公約將濕地作了廣泛的定義：指「不論天然的或人為的、永久的或暫時的、靜止的或流動的、淡水、半鹹水或鹹水，由草澤（marsh）、泥沼（fen）、泥煤地（peatland）或水域所構成之地區，包括低潮時水深 6 公尺以內之海域」。顯然地，此一定義含括甚廣，包括了「內陸濕地」與「海岸濕地」。

　　依據國際公約，濕地是相當多樣性的。以往，國內所稱的濕地，多偏重在鳥類群聚的河口或長有紅樹林的灘地，觀念上甚為狹隘。常見的濕地，其主要的

類型如下：(1)河口、紅樹林與潮間帶（Estuaries, mangroves and tidal flats）；(2)洪水平原與三角洲（Flood plains and deltas）；(3)淡水草澤（Freshwater mashes）；(4)湖泊（Lakes）；(5)泥煤地（Peatlands）；(6)林澤（Forested wetlands）等。此外，尚有一些人工濕地如水庫、魚塭、埤塘、貯水池、調節池、沉砂池和水田等，都扮演若干濕地的功能；有些人工濕地甚至成為鳥獸新的棲息環境而受到重視；一些國家也建造人工濕地（Artificial wetlands or constructed wetlands），協助處理廢污，頗為成功。

　　有關濕地所備具的功能和產生的效益，有許多文獻作了詳細的敘述。例如，濕地所提供的功能、服務或貨品等有形無形的利益，包括：調節水量、穩定海岸、便利交通、淨化水質、提供棲息場所、生產魚蝦木材、具有景觀文化意義，以及維繫自然過程和生物多樣化等。這些功能或利益可能是在當地（on-site）直接產出的，也可能是惠及他區（off-site）的；更重要的是，濕地這些功能或利益對前當代人類意義非凡，也直接間接地攸關後續世代的福祉。

　　1971 年的聯合國拉姆薩公約，為全球保護濕地的最高指導原則。該一公約可說是一項帶有強烈道義責任的重要聲明，雖然強調濕地與水鳥的關係，但也強調濕地、生物多樣性和水系之間的互動關係。例如，1999 年締約國第七次會議的第 16.4 號文件，稱為「國際濕地公約因應全球水資源危機的角色」（The role of Ramsar in response to the global water crisis）。該一文件之行動主題包括：(1)推動濕地的環境教育與環境意識；(2)強化環境管理機關的能力；(3)推動科學性的調查與研究；(4)加強與其他國際公約（如氣候變化綱要公約、生物多樣性公約）的互動；(5)尊重自然過程，採取新的區域規劃方法；(6)對於重要的濕地進行保護；(7)加強推動環境影響評估制度；(8)採納濕地分類的新準則，由水鳥、魚類的觀點，延伸到水資源和整個生態系；(9)研擬緊急應變計畫，對於水體污染和油污染等重大事故，作出充分的準備。締約國第七次會議另外也提出了編號第 15.19 文件「將濕地保育與明智利用整合至河川流域管理之綱領」（Guidelines for integrated wetland conservation and wise use into river basin management），明確地揭示濕地與水資源、流域共同管理的概念，甚至延伸至與生物多樣性公約之互動連結。

三、臺灣濕地之概況

　　臺灣的地形地貌極富變化，因而形成多樣化的生態與環境系統。尤其西海岸連接平緩的大陸棚，臺灣西部廣大平原復多西流入海，於是水流和緩、養份匯聚

的海陸接處，遂形成無數的河口、潟湖、沙洲、沼澤和海埔地等重要濕地。

　　以往根據中華民國野鳥學會的估計，臺灣濕地的分佈，以海岸地區為主，其面積約在一、二萬公頃左右，分佈在宜蘭地區的蘭陽溪口、竹安、五十二甲、無尾港；臺北地區的挖子尾、關渡、立農、華江橋；新竹地區的港南；彰化地區的大肚溪口；嘉義地區的鰲鼓；臺南地區的四草、曾文溪口；屏東地區的高屏溪口、龍鑾潭，以及臺東地區的大陂池等共 16 個。

　　臺灣常被提及的「海岸濕地」者，共計 22 個：(1)宜蘭縣無尾港濕地；(2)宜蘭縣五十二甲濕地；(3)宜蘭縣蘭陽溪口濕地；(4)宜蘭縣竹安濕地；(5)淡水河口濕地；(6)新竹縣新豐紅樹林；(7)新竹市南寮濕地；(8)新竹市香山濕地；(9)苗栗縣竹南紅樹林濕地；(10)臺中縣高美濕地；(11)臺中港濕地；(12)大肚溪濕地；(13)雲林縣成龍濕地；(14)嘉義縣鰲鼓濕地；(15)嘉義縣朴子溪口濕地；(16)嘉義縣新塭濕地；(17)嘉義縣好美寮濕地；(18)臺南縣北門濕地；(19)臺南縣七股濕地；(20)臺南市濕地；(21)高雄縣永安紅樹林濕地；(22)屏東縣鎮安濕地。然而，上述這些濕地的範圍，幾乎全在陸域部分，尤其是溪流河川之出口處，且以紅樹林為主要植物相。換言之，目前濕地的區劃範圍並未包括海埔地或潟湖等較廣泛的範疇。如果將之納入，則臺灣濕地的面積，僅加入海埔地部分，即可增加 5 萬 4 千公頃以上，總和至少將達 6 萬 5 千公頃。

　　雖然臺灣濕地分佈甚廣、類型繁多，但主要濕地大多分佈在西部，尤其又以西南沿海為最多最廣。然而臺灣這些重要濕地長年來卻面臨包括廢水排放、垃圾傾倒、廢土堆積、工業污染、海埔地開發、交通建設、盜獵和抽砂等問題。例如，臺灣省環保處於 1983 年的調查，全省 294 處垃圾掩埋場用地中，178 處為濕地，即占全部用地的 60%。而近年來，政府更積極規劃或開發海岸濕地，北起新竹香山海埔地、彰濱工業區、麥寮離島工業區、外傘頂洲營運中心、七股濱南工業區和臺南科技工業區等，密集的開發計畫，使得臺灣沿海濕地的生態環境面臨嚴重的威脅。

四、臺灣濕地管理的挑戰

　　「濕地」是什麼？濕地如何界定？如何劃定其範圍？有那些相關法規可資援引？濕地的主管或相關機關又有那些？這一連串的問題不但不容易回答，也暴露出濕地保護與管理在臺灣的窘境與尷尬。「濕地」一詞目前雖偶爾出現在行政命令之中，但迄今我國仍未有專屬法律，或於任一法律中給予定義。例如，1987 年行政院核定的「現階段環境保護政策綱領」第三章第三條第一項，政府應「依自

然條件及實際需要，劃定國家公園、水源或生態保護區、稀有或野生動植物保護區、特殊景觀、風景、歷史文化保存區，區內任何建設與活動，不得妨礙資源永續使用及保育之原則。防止河口海岸濕地、紅樹林沼澤地及海岸沙丘之蠶食與濫用，禁止海岸河川砂石之濫採。」然而，政策綱領位階固然甚高，卻無甚約束力，僅能說是「僅供參考」的行政命令而已。

我國目前較有效力的濕地保護法律，應屬「野生動物保育法」。該法施行細則第五條所規定，海洋、河口、沼澤、湖泊、溪流、森林、農田、島嶼及複合型等生態系類別，可以說首度將「濕地」的概念，納入我國「法律」中。由現行法規中可以瞭解，我國對於生態環境敏感地區，只偏重於「特殊」或「重要」的動植物、景觀而規範保護，不是著重於「生物多樣性」的價值，或是濕地公約揭櫫的「明智利用」；此外，濕地主管權責方面，顯然極為模糊。如果對於濕地的重要性普遍認知有限，相關機關以個別事業目的為主要考慮，國家復無整體濕地政策時，對於濕地的保育管理將十分不利。

所幸，內政部營建署於 2007 年間依據行政院國家永續會行動計畫，經過民間推薦後，經過專家學者評選，將臺灣 75 處濕地劃設為「國際級」、「國家級」和「地方級」三類，進行圖冊編撰，將來將可以進一步保護。因此，上述評選工作堪稱是臺灣近年來濕地保育方面最為重要的里程碑。然而，上述作業中因地方未能支持，故獨缺臺灣最重要的彰化縣濕地部分。因此，未來有關濕地之公眾教育非常重要。

第五節　山河海一體的保育思維

海洋是自然資源的綜合體，從山林、河川、河口到海洋。蘊藏了許許多多的自然法則，物質、動力和空間綜合地互動在海洋地理區域之中。因此，海洋資源的開發必須全面考慮從山河海一體各類資源的特性、關聯、價值和利用可行性。這種綜合利用觀點，既存在於某一種具體資源的開發活動之中，也貫穿於多目標開發的規劃與管理中。

海洋資源的整體性，決定了開發利用的方向和管理的方法。因此，在實踐中應十分注意不同的資源及整體資源之間的規律性關係，以及各種資源與自然環境之間的因果關係。如果在開發與管理中不能思考綜合利用的原則，那麼，海洋資源之利用就衝突迭生，難以永續。

本章摘要

　　海洋資源與環境是人類賴以生存發展的基盤，但也因為權益關係人多，衝突迭生，必須有良好的管理對策。本章選擇一些關鍵性議題，包括永續漁業、生物多樣性、21 世紀議程、海岸濕地和山河海一體的觀念，呈現了當前海洋資源環境管理的重要議題，以及其基本對策。

問題與討論

1. 當前國際漁業關切的重點為何，如何能永續漁業？
2. 為什麼要倡議「生物多樣性」之保護？有何對策？
3. 什麼是「21 世紀議程」，有關海洋環境的保護有何對策？
4. 臺灣海岸濕地的概況如何？未來如何加強保護？

參考文獻

邱文彥（2007），「海岸管理：理論與實務」，臺北：五南圖書公司。

鄭敦宇，從國際法談海洋生物多樣性之新願景，社教資料雜誌 274 期，7-10 頁。

　　http://public1.ntl.gov.tw/publish/soedu/274/07.htm

謝大文，生物多樣性與海洋漁業資源管理，中華民國自然生態保育協會。www.swan.org.tw/activity/2006/0429speechcontent.pdf